高等职业教育机电类专业新形态教材

机械加工工艺设计及实施

主　编　祝水琴　徐良伟
副主编　蔡建良　张伟捷　张　超
参　编　张海英　冯桂香　张坤领　张春亮

机械工业出版社

本书是根据高等职业院校机械设计与制造、机械制造及自动化等专业教学改革的要求，在多年教学改革和生产实践经验的基础上编写而成的。本书按照"项目目标—相关知识—项目实施—考核评价—项目拓展"五步法进行设计，融入"爱国—严谨—求实—创新—协同"素养提升元素，采用"项目导向、任务驱动"设计教学内容，使学生在实际应用中学会机械加工工艺的基本知识和操作技能，培养家国情怀，技能报国，精益求精、敬业守信、协同创新、技艺传承的工匠精神。

本书共设置了五个教学项目：轴类零件加工工艺的设计与实施、套筒类零件加工工艺的设计与实施、箱体类零件加工工艺的设计与实施、齿轮类零件加工工艺的设计与实施、机械部件装配工艺的设计，每个项目由若干个任务组成。内容编排依据机械加工工艺设计的工作流程，即识读产品零件图、工艺分析、编制零件的工艺规程、零件加工精度与加工质量分析等进行。每个项目结束后均附有一定数量的习题，便于学生巩固和拓展相关的专业知识。

本书配备丰富的教学资源，包括微课教学视频、教学设计、电子课件、授课计划、课程资源平台等，读者可登录机械工业出版社教育服务网（http://www.cmpedu.com），或者登录智慧职教平台（http://www.icve.com.cn/），免费注册后下载或观看。

本书可作为高等职业院校机电一体化技术、机械设计与制造、机械制造及自动化、模具设计与制造等相关专业教材，也可作为职业本科院校机械设计制造及自动化专业的教材，还可作为相关专业及工程技术人员的参考用书。

图书在版编目（CIP）数据

机械加工工艺设计及实施/祝水琴，徐良伟主编. —北京：机械工业出版社，2024.3

ISBN 978-7-111-75249-3

Ⅰ.①机… Ⅱ.①祝… ②徐… Ⅲ.①金属切削-工艺设计 Ⅳ.①TG506

中国国家版本馆 CIP 数据核字（2024）第 050000 号

机械工业出版社（北京市百万庄大街22号 邮政编码100037）
策划编辑：王英杰　　　　　　　责任编辑：王英杰　于奇慧
责任校对：景　飞　刘雅娜　　　封面设计：王　旭
责任印制：常天培
北京机工印刷厂有限公司印刷
2024年6月第1版第1次印刷
184mm×260mm·10.75印张·262千字
标准书号：ISBN 978-7-111-75249-3
定价：36.00元

电话服务　　　　　　　　　　　网络服务
客服电话：010-88361066　　　　机　工　官　网：www.cmpbook.com
　　　　　010-88379833　　　　机　工　官　博：weibo.com/cmp1952
　　　　　010-68326294　　　　金　书　网：www.golden-book.com
封底无防伪标均为盗版　　　机工教育服务网：www.cmpedu.com

前言

　　机械加工工艺设计及实施是一门实践性很强的课程。本书是根据高等职业教育理论知识"必需、够用"的基本要求，依托国家资源库机械设计与制造专业的课程建设为平台，依据行业、企业对机械设计与制造岗位群的技术技能要求，采用企业的实际案例，结合多年的教学改革的实践编写而成的校企合作一体化教材。

　　在教材的编写过程中，编者充分汲取高等职业技术院校在探索培养高等技术应用型人才方面取得的成功经验和教学成果，从《多工序数控机床操作技能等级证书》的岗位分析入手，结合本课程的教学内容与教学目标，借鉴行动导向教育理念，根据工作任务按"项目目标—相关知识—项目实施—考核评价—项目拓展"五步法进行教学设计，为贯彻落实党的二十大立德树人的要求，融入"爱国—严谨—求实—创新—协同"素养提升元素，将机械加工工艺的核心能力点、知识点和素养要求融入五个典型项目中。

　　本书采用项目化编写方式，每个项目均包含多个任务，展开后都是一个独立完整的工作过程。五个项目相互之间的知识点、能力点和素养要求相互关联，按照学生的认知规律合理编排教材内容，从传动轴、套筒、箱体、齿轮等典型零件的工艺编制，到机械部件装配工艺的编制，符合从简单到复杂、由浅入深、循序渐进的原则。读者通过完成渐次复杂的工作任务，可逐步提升工程实践能力，达到对各典型零件的机械加工工艺知识系统掌握和应用的目的。

　　本书由祝水琴、徐良伟担任主编，项目一由祝水琴编写、项目二张伟捷编写、项目三由徐良伟编写、项目四由张超编写、项目五由蔡建良、张海英编写。课程资源视频的录制由冯桂香、张坤领、张春亮参与完成。在本书的编写过程中，得到了兄弟院校的大力支持，案例的收集也得到了合作企业的大力支持，在此表示衷心的感谢！

　　由于编者水平和时间有限，书中难免有欠妥之处，恳请广大读者批评指正。

编　者

二维码清单

名称	图形	名称	图形	名称	图形
1-01 机械产品的分类		1-12 动画:同轴靠模法		1-23 工艺系统的误差	
1-02 动画:车端面		1-13 切削运动与切削要素		2-01 动画:钻孔	
1-03 视频:装夹工件		1-14 动画:车削加工中的三个表面		2-02 动画:扩孔	
1-04 工件的装夹定位		1-15 零件表面的成形方法		2-03 动画:在机床上铰孔(通孔)	
1-05 生产纲领与生产类型		1-16 金属切削刀具角度		2-04 动画:车衬套内孔	
1-06 机械加工工艺规程的制订		1-17 动画:车刀的几何角度		2-05 动画:内孔直径检测(较大直径)	
1-07 金属切削机床的分类		1-18 刀具材料与分类		2-06 动画:内孔直径检测(较小直径)	
1-08 动画:普通车床的结构与组成		1-19 金属切削过程		2-07 动画:用百分表检测圆跳动	
1-09 动画:车外螺纹		1-20 基准类型与定位基准选择		2-08 动画:手工通孔攻螺纹	
1-10 动画:钻床夹紧机构		1-21 动画:主轴的虚拟加工过程		2-09 动画:手工盲孔攻螺纹	
1-11 动画:用钻夹头安装钻头		1-22 切削表面质量与机械加工精度		3-01 动画:端铣方式:对称铣削	

（续）

名称	图形	名称	图形	名称	图形
3-02 动画:端铣方式:不对称铣削（顺铣）		3-11 镗床结构与应用		4-07 动画:插齿加工原理	
3-03 动画:端铣方式:不对称铣削（逆铣）		3-12 钻床及其应用		5-01 机器装配的主要内容和步骤	
3-04 动画:横磨法磨外圆成形面		3-13 数控机床的结构与应用		5-02 机器装配的组织形式和工艺性	
3-05 铣床结构与应用		4-01 视频:滚齿加工方法		5-03 机器装配的精度	
3-06 动画:铣键槽		4-02 视频:插齿加工方法		5-04 装配尺寸链	
3-07 刨床结构与应用		4-03 视频:剃齿加工方法		5-05 装配工艺规程的制订方法和步骤	
3-08 磨床结构与应用		4-04 视频:锥齿轮磨齿机加工		5-06 动画:滚动轴承的装配工艺	
3-09 动画:磨削内圆的加工方式		4-05 视频:刨齿加工		5-07 齿轮传动的装配与调试	
3-10 动画:缓进给深磨削		4-06 视频:滚齿加工原理			

目录

前言

二维码清单

**项目一 轴类零件加工工艺的设计与
实施** …………………………… 1

【项目目标】 …………………………… 1
【项目导读】 …………………………… 1
【任务描述】 …………………………… 1
【工作任务】 …………………………… 2
【相关知识】 …………………………… 2
一、机械加工工艺系统概述 …………… 2
　（一）机械产品的分类 ……………… 2
　（二）机械加工工艺过程及其组成 … 4
　（三）生产纲领与生产类型 ………… 6
　（四）机械加工工艺规程 …………… 8
二、金属切削机床 …………………… 11
　（一）金属切削机床的分类 ……… 11
　（二）金属切削机床的运动 ……… 14
　（三）零件表面的成形方法 ……… 16
三、金属切削刀具与刀具材料 ……… 18
　（一）金属切削刀具 ……………… 18
　（二）刀具材料 …………………… 20
　（三）刀具的磨损 ………………… 22
四、金属切削过程的基本规律 ……… 25
　（一）金属切削过程及切削变形 … 25
　（二）金属切削过程中伴生的物理
　　　　现象 ………………………… 26
　（三）切屑的种类 ………………… 27
五、零件的结构工艺性及毛坯选择 … 28
　（一）零件的结构工艺性分析 …… 28
　（二）毛坯的选择 ………………… 33
【项目实施】 …………………………… 35

任务1 传动轴零件加工工艺过程的设计 … 35
一、任务引入 ………………………… 35
二、相关知识 ………………………… 36
　（一）轴类零件概述 ……………… 36
　（二）基准的概念及分类 ………… 38
　（三）定位基准的选择 …………… 39
　（四）机械加工工艺过程的设计 … 42
三、实施过程 ………………………… 48
四、考核评价 ………………………… 51
任务2 车床传动轴零件加工精度的分析 … 51
一、任务引入 ………………………… 51
二、相关知识 ………………………… 52
　（一）机械加工精度 ……………… 52
　（二）机械加工表面质量 ………… 59
　（三）轴类零件精度的检测 ……… 63
三、实施过程 ………………………… 64
四、考核评价 ………………………… 65
【项目拓展】 …………………………… 65

**项目二 套筒类零件加工工艺的设计与
实施** …………………………… 68

【项目目标】 …………………………… 68
【项目导读】 …………………………… 68
【任务描述】 …………………………… 68
【工作任务】 …………………………… 69
【相关知识】 …………………………… 69
一、套筒类零件加工工艺分析 ……… 69
　（一）套筒类零件的功用及其结构
　　　　特点 ………………………… 69
　（二）内孔表面加工方法 ………… 70
　（三）套筒类零件内孔加工方法的
　　　　选择 ………………………… 78
二、套筒类零件加工精度的检测 …… 79

（一）套筒类零件的精度 …………… 79
（二）孔径的测量 ………………… 80
（三）形状精度的测量 …………… 80
（四）位置精度的测量 …………… 81
三、工艺尺寸链 ……………………… 81
（一）尺寸链的概念 ……………… 81
（二）尺寸链的分类 ……………… 82
（三）尺寸链的计算 ……………… 83
【项目实施】 ……………………………… 84
任务1 套筒类零件加工工艺过程的设计 … 84
一、任务引入 ……………………… 84
二、相关知识 ……………………… 85
（一）套筒类零件孔加工刀具的应用 … 85
（二）保证套筒类零件技术要求的
方法 ………………………… 86
三、实施过程 ……………………… 87
四、考核评价 ……………………… 90
任务2 气缸缸体零件加工精度的分析 …… 90
一、任务引入 ……………………… 90
二、相关知识 ……………………… 91
（一）零件检测方法 ……………… 91
（二）套筒类零件精度的检测 …… 94
三、实施过程 ……………………… 95
四、考核评价 ……………………… 96
【项目拓展】 ……………………………… 96

项目三 箱体类零件加工工艺的设计与
实施 ………………………… 98

【项目目标】 ……………………………… 98
【项目导读】 ……………………………… 98
【任务描述】 ……………………………… 98
【工作任务】 ……………………………… 99
【相关知识】 ……………………………… 99
一、箱体类零件概述 ……………… 99
二、箱体类零件加工工艺 ………… 100
三、箱体类零件常用加工设备 …… 107
四、箱体类零件加工质量分析 …… 113
【项目实施】 ……………………………… 114
任务 减速器箱体工艺规程的编制 …… 114
一、任务引入 ……………………… 114
二、实施过程 ……………………… 114
三、考核评价 ……………………… 118

【项目拓展】 ……………………………… 118

项目四 齿轮类零件加工工艺的设计与
实施 ………………………… 120

【项目目标】 ……………………………… 120
【项目导读】 ……………………………… 120
【任务描述】 ……………………………… 120
【工作任务】 ……………………………… 121
【相关知识】 ……………………………… 121
一、齿轮类零件概述 ……………… 121
二、齿轮类零件加工工艺 ………… 122
三、齿轮类零件常用加工设备与刀具 … 127
【项目实施】 ……………………………… 132
任务 齿轮零件工艺规程的编制 ……… 132
一、任务引入 ……………………… 132
二、实施过程 ……………………… 133
三、考核评价 ……………………… 137
【项目拓展】 ……………………………… 137

项目五 机械部件装配工艺的设计 …… 139

【项目目标】 ……………………………… 139
【项目导读】 ……………………………… 139
【任务描述】 ……………………………… 139
【工作任务】 ……………………………… 140
【相关知识】 ……………………………… 140
一、机器装配的基本概念 ………… 140
（一）机械装配单元 ……………… 140
（二）机械装配过程中的主要内容 …… 141
（三）装配工作的组织形式 ……… 142
二、机器装配质量的控制 ………… 143
（一）机械产品的装配精度 ……… 143
（二）装配精度与零件精度 ……… 144
（三）产品的装配尺寸链 ………… 145
（四）机械产品的装配方法 ……… 148
三、识读装配图 …………………… 151
（一）装配图的作用和内容 ……… 151
（二）装配图的尺寸标注和技术
要求 ………………………… 152
（三）装配图的零、部件编号与
明细栏 ……………………… 153
【项目实施】 ……………………………… 154
任务1 装配工艺规程的编制 ………… 154

一、任务引入 ……………………… 154

二、实施过程 ……………………… 154

三、考核评价 ……………………… 156

任务2　装配、检测与调整主轴组件 ……… 156

一、任务引入 ……………………… 156

二、实施过程 ……………………… 157

三、考核评价 ……………………… 160

【项目拓展】 ……………………… 160

参考文献 ……………………………… 162

项目一

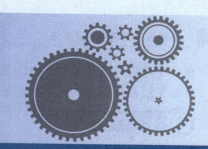

轴类零件加工工艺的设计与实施

【项目目标】

知识目标

1. 掌握机械加工工艺规程的组成。
2. 掌握零件工艺规程制订的原则与方法。
3. 掌握零件加工基准的选择原则，保证零件的加工质量。
4. 了解不同类型毛坯的特点、适用范围，掌握毛坯的选择原则。

能力目标

1. 能根据零件的生产类型确定其适用的机械加工工艺规程格式。
2. 能正确划分零件加工过程中的工序、工步、走刀、安装和工位等。
3. 能选用适合零件加工的刀具。
4. 能选用零件的毛坯类型。
5. 能根据产品的生产类型确定其适用的机械加工过程。

素养提升目标

1. 解读《中国制造 2025》文件精神，明确学习这门课程的重要性，初步进行职业规划。
2. 了解机械制造技术的发展概况及其在中国制造业中的地位，机械加工技术在智能制造中的作用。
3. 培养学生热爱中国制造、甘于奉献的职业素养。

【项目导读】

机械加工工艺规程是以规定的形式写成的工艺文件，经审核后用来指导生产。机械加工工艺规程一般包括工件加工的工艺路线、各工序的具体内容及所用的设备和工艺装备、工件的检验项目和检验方法、切削用量和时间定额等。

【任务描述】

学生以企业制造部门工艺员的身份进入机械加工工艺系统模块，根据传动轴的特点制订合理的工艺路线。首先了解机械加工工艺规程的组成、制订工艺规程的原则和步骤。其次对传动轴进行工艺分析，确定加工机床和零件毛坯。最后确定加工过程中机械加工工序的安排、工序尺寸及其公差、定位基准等内容。通过对传动轴零件工艺规程的制订，分析解决零件加工过程中存在的问题和不足，并对编制工艺过程中存在的问题进行研讨和交流。

【工作任务】

按照零件加工要求，制订传动轴零件的加工工艺；确定传动轴的毛坯选用方案，确定传动轴工序和进行工步的划分；确定生产类型和刀具；确定加工工艺路线；完成传动轴零件的工艺规程制订。

【相关知识】

一、机械加工工艺系统概述

（一）机械产品的分类

机械产品的分类

机械产品是指机械厂家向用户或市场所提供的成品或附件，如汽车、发动机、机床等都称为机械产品。任何机械产品按传统的习惯都可以看作由若干部件组成，部件又可分为不同层次的子部件（也称为分部件或组件）直至最基本的零件单元。

机械产品主要包括 12 类，如图 1-1 所示。

1）农业机械	2）重型矿山机械
联合收割机	球磨机
3）工程机械	4）石化通用机械
叉车	石油钻探泥浆泵
5）电工机械	6）机床类
发电机	数控车床

图 1-1　机械产品的分类

图 1-1　机械产品的分类（续）

1）农业机械：拖拉机、播种机、收割机等。

2）重型矿山机械：冶金机械、矿山机械、起重机械、装卸机械、工矿车辆、水泥设备等。

3）工程机械：挖掘机、叉车、铲土运输机械、压实机械、混凝土机械等。

4）石化通用机械：石油钻采机械、炼油机械、化工机械、泵、风机、阀门、气体压缩机、制冷空调机械、造纸机械、印刷机械、塑料加工机械、制药机械等。

5）电工机械：发电机、变压器、电机、高低压开关、电线电缆、电焊机、家用电器等。

6）机床类：金属切削机床、锻压机械、铸造机械、木工机械等。

7）交通工具：载货汽车、公路客车、轿车、改装汽车、摩托车等。

8）仪器仪表：自动化仪表、电工仪器仪表、光仪器、分析仪、汽车仪器仪表、电料装备、电教设备、照相机等。

9）基础机械：轴承、液压件、密封件、粉末冶金制品、标准紧固件、工业链条、齿轮、模具等。

10）包装机械：包装机、装箱机、输送机等。

11）环保机械：水污染防治设备、大气污染防治设备、固体废物处理设备等。

12）其他机械：爆米花机等。

（二）机械加工工艺过程及其组成

1. 生产过程与工艺过程

（1）生产过程　生产过程是指将原材料转变为成品的全过程。一台产品的生产过程包括原材料，半成品，元器件，标准件，工具，工装，设备的购置、运输、检验、保管，专用工具，专用工装，专用设备的设计与制造等生产准备工作和毛坯制造、零件加工、热处理、表面处理、产品装配与调试、性能试验以及产品的包装、发运等工作。

（2）工艺过程　改变生产对象的形状、尺寸，相对位置或性质等，使其成为成品或半成品的过程，称为工艺过程，可以通过不同的工艺方法来完成。因而工艺过程又可具体分为铸造、锻造、冲压、焊接、机械加工、特种加工、热处理、表面处理、装配等。

2. 机械加工工艺过程

采用机械加工方法，直接改变加工对象的形状、尺寸和表面性能等，使之成为成品或半成品的过程，称为机械加工工艺过程。

机械加工工艺过程是由若干个按一定顺序排列的工序组成。

（1）工序　工序是指一个或一组工人，在一个工作地点对同一个或同时对几个工件所连续完成的那一部分工艺过程。划分工序的主要依据是工作地点是否改变和加工是否连续。这里的连续，是指工序内的工作需连续完成，不能插入其他工作内容或者阶段性加工。

动画：车端面

工序是组成工艺过程的基本单元，也是制订生产计划、进行经济核算的基本单元。工序又可细分为安装、工位、工步、走刀等组成部分。

图 1-2 所示为小轴零件图，其加工工艺过程见表 1-1。

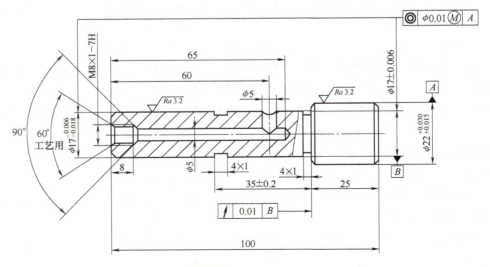

图 1-2　小轴零件图

表 1-1 小轴加工工艺过程（小批生产）

机械加工工艺过程					
工序号	工序名称	安装	工序内容	设备	定位及夹紧
1	备料		总长 100mm，备料为 103mm	车床	
2	车	1	车端面，钻顶尖孔		自定心卡盘
		2	粗车外圆 $\phi 22^{+0.030}_{+0.015}$ mm，留加工余量 1mm		一夹一顶
		3	调头，车另一端面，长度至尺寸，钻 $\phi 5$mm 深 65mm 孔，钻螺孔小径深 8mm，锪 90°倒棱，孔口倒 60°角（工艺用）		自定心卡盘
3	车	1	车外圆 $\phi 17^{-0.006}_{-0.018}$ mm 和 $\phi(17\pm0.006)$ mm，留加工余量 0.2～0.3mm	车床	双顶尖
		2	调头，车 $\phi 22^{+0.030}_{+0.015}$ mm，留加工余量 0.2～0.3mm，切槽两处至尺寸		双顶尖
4	钻		钻 $\phi 5$mm 径向孔	钻床	外圆，端面
5	磨	1	磨外圆 $\phi 22^{+0.030}_{+0.015}$ mm 至图样要求	外圆磨床	双顶尖
		2	磨外圆 $\phi 17^{-0.006}_{-0.018}$ mm 和 $\phi(17\pm0.006)$ mm 两段及侧面至尺寸		双顶尖
6	钳		攻螺孔 M8×1-7H（注意保护外圆表面）	钳工台	
7	检验				

（2）安装　安装是指工件（或装配单元）经一次装夹后所完成的那一部分工序。

（3）工位　工位是指为了完成一定的工序部分，一次装夹工件后，工件（或装配单元）与夹具或设备的可动部分一起相对刀具或设备的固定部分所占据的每一个位置。

视频：装夹工件

图 1-3a 所示为在一个多工位回转工作台上加工孔，钻、扩、铰各为一个加工内容，装夹一次完成一个加工内容，即共有装卸工件、钻孔、扩孔和铰孔四个工位。

工件的装夹定位

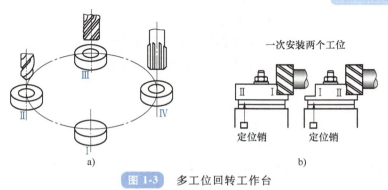

图 1-3 多工位回转工作台

（4）工步　工步是指在加工表面（或装配时的连接表面）和加工（或装配）工具不变的情况下，所连续完成的那一部分工序。工步是构成工序的基本单元。

注意：组成工步的任意因素（刀具、切削用量、加工表面）改变后为另一个工步，如

图1-4所示。为了提高生产率，常采用复合刀具或多刀加工，这样的工步称为复合工步，如图1-5所示。

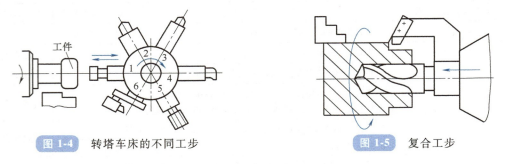

图 1-4 转塔车床的不同工步　　　　图 1-5 复合工步

（5）走刀　走刀是指刀具相对工件加工表面进行一次切削所完成的那部分工作。每个工步可包括一次走刀或几次走刀，如图1-6所示。

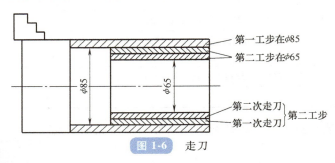

第一工步在φ85

第二工步在φ65

φ85　φ65

第二次走刀　第二工步
第一次走刀

图 1-6 走刀

走刀是构成工艺过程的最小单元。为了便于工艺规程的编制、执行和生产组织管理，需要把工艺过程划分为不同层次的单元，包括工序、安装、工位、工步和走刀。其中工序是工艺过程中的基本单元。零件的机械加工工艺过程由若干个工序组成。在一个工序中可能包括一个或几个安装。每一个安装可能包含一个或几个工位。每一个工位可能包含一个或几个工步。每一个工步可能包含一个或几个走刀。

（三）　生产纲领与生产类型

1. 生产纲领

生产纲领是指企业在计划期内应当生产的产品产量和进度计划，一般为包括备品和废品在内的年产量。零件的生产纲领按下式计算

$$N = Qn(1+a)(1+b) \tag{1-1}$$

式中　N——零件的生产纲领（件/年）；

　　　Q——产品的年产量（台/年）；

　　　n——每台产品中所含该零件的数量（件/台）；

　　　a——零件的备品百分率；

　　　b——零件的废品百分率。

2. 生产类型

生产类型是企业（或车间、工段、班组、工作地）生产专业化程度的分类。生产管理部门按批量或生产的连续性，把生产规模分为三种类型，即单件生产、成批生产和大量生产。

1）单件生产：产品品种不固定，每一品种的产品数量很少，大多数工作地点的加工对象经常改变。例如，重型机械、造船业等一般属于单件生产。

2）成批生产：产品品种基本固定，但数量少，品种较多，需要周期性地轮换生产，大多数工作地点的加工对象要周期性地变换。

3）大量生产：产品品种固定，每种产品数量很大，大多数工作地点的加工对象固定不变。例如，汽车、轴承制造等一般属于大量生产。

在成批生产中，根据批量大小可分为小批、中批和大批生产。小批生产的特点接近于单件生产的特点，中批生产的特点介于单件和大量生产特点之间，大批生产的特点接近于大量生产的特点。因此生产类型可分为：单件小批生产、中批生产、大批大量生产。

生产类型的划分一方面要考虑生产纲领，即年生产量，另一方面还必须考虑产品本身的大小和结构的复杂性，具体确定时可参考表 1-2 和表 1-3。

表 1-2　生产纲领与生产类型的关系

生产类型	零件的生产纲领/（件/年）		
	重型零件	中型零件	轻型零件
单件生产	<5	<10	<100
小批生产	5～100	10～200	100～500
中批生产	100～300	200～500	500～5000
大批生产	300～1000	500～5000	5000～50000
大量生产	>1000	>5000	>50000

表 1-3　各种生产类型的工艺特点

项目	单件小批生产	中批生产	大批大量生产
加工对象	不固定、经常换	周期性地变换	固定不变
机床设备和布置	采用通用设备，按机群式布置	采用通用和专用设备，按工艺路线呈流水线布置或机群式布置	广泛采用专用设备，全按流水线布置，广泛采用自动线
夹具	非必要时不采用专用夹具	广泛使用专用夹具	广泛使用高效率专用夹具
刀具和量具	通用刀具和量具	广泛使用专用刀具和量具	广泛使用高效能的专用刀具和量具
毛坯情况	用木模手工造型，自由锻，精度低	金属模、模锻，精度中等	金属模机器造型、精密铸造、模锻，精度高
安装方法	广泛采用划线找正等方法	保持一部分划线找正，广泛使用夹具	不须划线找正，一律用夹具
尺寸获得方法	试切法	调整法	用调整法、自动化加工
零件互换性	广泛使用配刮	一般不用配刮	全部互换，可进行选配
工艺文件形式	工艺过程卡	工序卡	操作卡及调整卡
操作工人平均技术水平	高	中等	低
生产率	低	中等	高
成本	高	中等	低

随着技术的进步和市场需求的变化，生产类型的划分正发生着深刻的变化，传统的大批量生产往往不能适应产品及时更新换代的需要，而单件小批生产的生产能力又跟不上市场需求，因此，各种生产类型都在朝着生产过程智能化的方向发展。随着机械加工技术的发展，数控机床应用越来越广泛，智能制造技术在生产中也在逐步应用，这些新技术的应用能有效地提升生产率和保证产品的加工质量，成组技术为这种智能化生产提供了基础。

机械加工工艺规程的制订

（四）机械加工工艺规程

1. 工艺规程的概念

机械加工工艺规程是规定产品或零部件机械加工工艺过程和操作方法等的工艺文件，它是机械制造企业最主要的技术文件之一。

机械加工工艺规程一般包括：工件加工工艺路线及所经过的车间和工段；各工序的内容及所采用的机床和工艺设备；工件的检验项目及检验方法；切削用量；工时定额及工人技术等级等。

2. 工艺规程的作用

工艺规程是在总结实践经验的基础上，依据科学的理论和必要的工艺试验后制订的，反映了加工中的客观规律。因此，工艺规程是指导工人操作和用于生产、工艺管理工作的主要技术文件，又是新产品投产前进行生产准备、技术准备的依据和新建、扩建车间或工厂的原始资料。此外，先进的工艺规程还起着交流和推广先进经验的作用。

3. 工艺规程的格式

机械加工工艺规程常被填写成表格（卡片）的形式，我国各机械制造企业使用的机械加工工艺规程表格的形式不尽相同，但其基本内容是相同的，通常有以下三种形式：

（1）机械加工工艺过程卡　机械加工工艺过程卡是以工序为单位简要列出了零件加工（或装配）过程的一种工艺文件，包括所经过的工艺路线及工装设备、工时等内容，它是制订其他工艺文件的基础，是生产准备、编排作业计划和组织生产的依据。由于各工序的说明不够具体，因而不能直接用于指导工人操作，一般供生产管理用。但在单件小批量生产中，通常不编制其他较详细的工艺文件，而是以这种卡片指导生产。机械加工工艺过程卡的格式和基本内容参见表1-4。

表1-4　机械加工工艺过程卡

（企业名称）	机械加工工艺过程卡		产品型号			零件图号				
			产品名称			零件名称		共　页		第　页
材料牌号		毛坯种类		毛坯外形尺寸		每毛坯件数		每台件数	备注	
工序号	工序名称	工序内容				车间	工段	设备	工艺装备	工时
										准终 / 单件
								设计（日期）	审核（日期）	标准化（日期）	会签（日期）
标记	处数	更改文件号	签字	日期	标记	处数	更改文件号	签字	日期	

（2）机械加工工艺卡 机械加工工艺卡是按产品或零部件机械加工中的某一工艺阶段编制的一种工艺文件，它以工序为单元，详细说明产品或零部件在某一工艺阶段中的工序号、工序名称、工序内容、工艺参数、操作要求，以及采用的设备和工艺装备等。它用来指导工人生产，帮助管理人员及技术人员掌握整个零件加工过程，广泛用于批量生产的零件及单件小批生产的重要零件。机械加工工艺卡的格式和基本内容参见表1-5。

表1-5 机械加工工艺卡

（企业名称）		机械加工工艺卡		产品型号			零件图号					
				产品名称			零件名称		共 页		第 页	
材料牌号		毛坯种类		毛坯外形尺寸		每毛坯件数			每台件数		备注	
工序	装夹	工步	工序内容		同时加工零件数	背吃刀量	切削速度	进给量	设备名称及编号	工艺装备		工时
										夹具	刀具	量具	准终	单件
									设计（日期）	审核（日期）	标准化（日期）	会签（日期）
标记	处数	更改文件号	签字	日期	标记	处数	更改文件号	签字	日期			

（3）机械加工工序卡 机械加工工序卡是按每道工序所编制的，用来指导工人具体操作的一种最详细的工艺文件。在这种卡片上，一般要画出工序简图，注明该工序的加工表面及应达到的尺寸精度和表面粗糙度要求、工件的安装方式、切削用量及所用到的设备与工艺装备等内容，主要用于大批大量生产中所有零件、中批生产中的重要零件和单件小批生产中的关键工序。机械加工工序卡的格式和基本内容参见表1-6。

工序简图的绘制要点如下：

1）工序简图可按比例缩小，尽量用较少的投影绘出，可以略去视图中的次要结构和线条。

2）工序简图中主视图应是本工序工件在机床上装夹的位置。例如，在卧式车床上加工的轴类零件的工序简图，其中心线要水平，加工端在右，卡盘夹紧端在左。

3）工序简图中工件上本工序加工表面用粗实线表示，本工序不加工表面用细实线表示。

4）工序简图中用规定的符号表示出工件的定位、夹紧情况。

5）工序简图中应标注本工序的工序尺寸及其极限偏差，加工表面的表面粗糙度，以及其他本工序加工中应该达到的技术要求。

4. 制订工艺规程的原则和制订步骤

（1）制订工艺规程的原则 工艺规程制订的原则是在一定的生产条件下，应保证优质、高产、低成本，即在保证质量的前提下，争取最好的经济效益。在制订工艺规程时，应注意以下问题：

1）技术上的先进性。要了解当前国内外本行业工艺技术的发展水平，通过必要的工艺试验，积极采用适用的先进工艺和工艺装备。

表 1-6 机械加工工序卡

（企业名称）	机械加工工序卡	产品型号			零件图号			共　页	
		产品名称			零件名称			第　页	
（工序简图）		车间			工序名称			材料牌号	
		锻工							
		毛坯种类	毛坯外形尺寸		每毛坯可制件数			每台件数	
		设备名称	设备型号		设备编号			同时加工件数	
		夹具编号			夹具名称			切削液	
		工位器具编号			工位器具名称			工序时间	
								准终	单件

工步	工步名称	工艺装备	主轴转速 /(r/min)	切削速度 /(m/min)	进给量 /mm	背吃刀量 /mm	工时/min	
							机动	单件

| | | | | | | | 设计 （日期） | 审核 （日期） | 标准化 （日期） | 会签 （日期） |
| 标记 | 处数 | 更改文件号 | 签字 | 日期 | 标记 | 处数 | 更改文件号 | 签字 | 日期 | | | |

2）经济上的合理性。在一定的生产条件下，可能会出现几种能保证零件技术要求的工艺方案。此时应通过核算或相互对比，选择经济上最合理的方案，使产品的能源、原材料消耗和成本最低。

3）有良好的劳动条件。在制订工艺规程时，要注意保证工人在操作时有良好和安全的工作条件。因此在工艺方案上要注意采取机械化或自动化措施，将工人从某些笨重繁杂的体力劳动中解放出来。

产品质量、生产率和经济性这三个方面有时会相互矛盾，因此，合理的工艺规程应处理好这些矛盾，体现这三者的统一。

（2）制订工艺规程的步骤

1）熟悉和分析制订工艺规程的主要依据，确定零件的生产纲领和生产类型。

2）确定毛坯，包括选择毛坯类型及其制造方法。

3）拟订工艺路线。

4）确定各工序的加工余量，计算工序尺寸及其公差。

5）确定各主要工序的技术要求及检验方法。

6）确定各工序的切削用量和工时定额。

7）确定各工序的加工设备、刀具、夹具、量具和辅助工具。

8）进行技术经济分析，选择最佳方案。

9）填写工艺文件。

在制订工艺规程的过程中，往往要对前面已初步确定的内容进行调整，以提高经济效益。在执行工艺规程的过程中，可能会出现未预料到的情况，如生产条件的变化，新技术、新工艺的引进，新材料、先进设备的应用等，都要求及时对工艺规程进行修订和完善。

二、金属切削机床

（一）金属切削机床的分类

 金属切削机床的分类

金属切削机床是用切削和特种加工等方法加工金属工件，使之获得所要求的几何形状、尺寸精度和表面质量的机器。

机床一般都需要固定，在机床上装有动力驱动装置，利用物理、化学或其他方法进行各种加工。金属切削机床按机床的加工性质和所用的刀具进行分类，可以分为 11 大类。

（1）车床　车床（图 1-7）是主要用车刀对旋转的工件进行车削加工的机床。车床是金属切削机床中最主要的一种切削机床，在一般的机器制造工厂中以车床为主，其数量最多，也被称为工作母机。在车床上还可用钻头、扩孔钻、铰刀、丝锥、板牙和滚花工具等进行相应的加工。车床的功用是对各种大小不同形状不同的旋转表面及螺旋表面进行切削加工。

 动画：普通车床的结构与组成

动画：车外螺纹

图 1-7　车床

（2）钻床　钻床（图 1-8）指主要用钻头在工件上加工孔的机床。通常钻头旋转为主运

 动画：钻床夹紧机构

 动画：用钻夹头安装钻头

图 1-8　钻床

动，钻头轴向移动为进给运动。钻床结构简单，加工精度相对较低，可钻通孔、盲孔，更换特殊刀具，可扩孔、锪孔、铰孔或进行攻螺纹等加工。加工过程中工件不动，让刀具移动，将刀具中心对正孔中心，并使刀具转动（主运动）。钻床的特点是工件固定不动，刀具做旋转运动。

（3）镗床 镗床（图1-9）是主要用镗刀对工件已有的预制孔进行镗削的机床。通常，镗刀旋转为主运动，镗刀或工件的移动为进给运动。它主要用于加工高精度孔或一次定位完成多个孔的精加工，此外还可以进行与孔精加工有关的其他加工面的加工。使用不同的刀具和附件还可进行钻削、铣削，其切削的加工精度和表面质量要高于钻床。镗床是大型箱体零件加工的主要设备，还可加工螺纹及外圆、端面等。

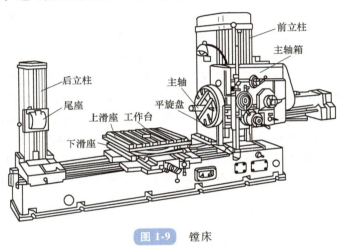

图 1-9　镗床

（4）磨床 磨床（图1-10）是利用磨具对工件表面进行磨削加工的机床。大多数的磨床使用高速旋转的砂轮进行磨削加工，少数的使用磨石、砂带等其他磨具和游离磨料进行加工，如珩磨机、超精加工机床、砂带磨床、研磨机和抛光机等。

动画：同轴靠模法

图 1-10　磨床

（5）齿轮加工机床 齿轮加工机床（图1-11）是加工各种圆柱齿轮、锥齿轮和其他带齿零件齿部的机床。齿轮加工机床的品种规格繁多，有加工几毫米直径齿轮的小型机床、加工十几米直径齿轮的大型机床，还有大量生产用的高效机床和加工精密齿轮的高精度机床。齿轮加工机床广泛应用在汽车、拖拉机、机床、工程机械、矿山机械、冶金机械、石油、仪表、飞机和航天器等各种机械制造业中。

（6）螺纹加工机床　螺纹加工机床（图1-12）即加工螺纹（包括蜗杆、滚刀等）型面的专门化机床。主要用于机器、刀具、量具、标准件和日用器具等制造业。

（7）铣床　铣床（图1-13）主要指用铣刀对工件多种表面进行加工的机床。通常以铣刀的旋转运动为主运动，工件和铣刀的移动为进给运动。它可以加工平面、沟槽，也可以加工各种曲面、齿轮等。

图 1-11　齿轮加工机床

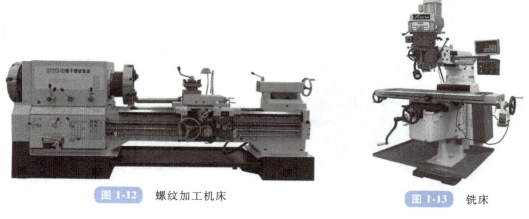

图 1-12　螺纹加工机床

图 1-13　铣床

（8）刨插床　刨插床（图1-14）用来加工槽类特征。加工时，工作台上的工件做纵向、横向或旋转运动，插刀做上下往复运动，切削工件。

（9）锯床　数控金属锯床（图1-15）适用于钣金件生产行业的切割加工；广告、装饰、装潢行业的不锈钢材料的切割加工；印刷行业模切板的切割加工；科研生产单位的切割、热处理实验样机。

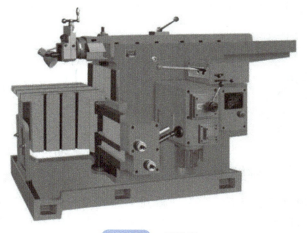

图 1-14　刨插床

图 1-15　数控金属锯床

（10）拉床　拉床（图 1-16）是用拉刀作为刀具加工工件通孔、平面和成形表面的机床。拉削能获得较高的尺寸精度和较小的表面粗糙度值，生产率高，适用于成批大量生产。大多数拉床只有拉刀作直线拉削的主运动，而没有进给运动。

（11）其他机床　其他机床是指除上述机床以外的机床。其他机床包括其他仪表机床、管子加工机床、木螺钉机床、刻线机、切断机、多功能机床等。切断机（图 1-17）在金属加工行业最常见的用途就是切割金属，它可以准确地切割各种金属材料，包括铝、钢、铜、不锈钢等，并且速度和效率都很高。其他仪表机床（图 1-18）主要用于各种中小型企业和修理行业的机械加工。

图 1-16　拉床

图 1-17　切断机

图 1-18　其他仪表机床

（二）金属切削机床的运动

机床的运动可分为表面成形运动和辅助运动。

1. 表面成形运动

保证得到工件表面形状的运动，形成发生线的运动，称为表面成形运动，如图 1-19 所示。

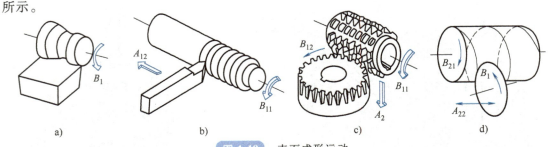

a)　　　　　　b)　　　　　　c)　　　　　　d)

图 1-19　表面成形运动

切削运动与切削要素

从几何的角度来分析，为保证得到工件表面的形状所需的运动，称为成形运动。根据工件表面形状和成形方法的不同，成形运动有以下类型：

1）简单成形运动：一个成形运动是由单独的旋转运动或直线运动构成的。

2）复合成形运动：一个成形运动是由两个或两个以上旋转运动或直线运动，按照某种确定的运动关系组合而成。

例1：用外圆车刀车削外圆柱面时，工件的旋转运动 B_1 和刀具的直线运动 A_1 就是两个简单成形运动，如图 1-20a 所示。车螺纹时，螺纹表面的导线（螺旋线）必须由工件的回转运动和刀架直线运动保持确定的相对运动关系才能形成，这是一个复合成形运动，如图 1-20b 所示。

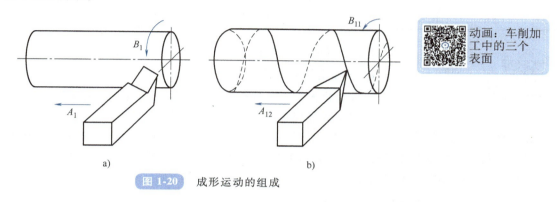

动画：车削加工中的三个表面

图 1-20　成形运动的组成

从保证金属切削过程的实现和连续进行的角度看，成形运动可分为：

1）主运动：切除切屑所需的基本运动。

特点：速度最快；消耗功率最大；唯一性（通常只有一个主运动）。

如车削、镗削加工时工件的回转运动，铣削和钻削时刀具的回转运动，刨削时刨刀的直线运动等都是主运动。

2）进给运动：使金属层不断投入被切削的运动。

特点：速度较慢，消耗功率较小，可以为一个或多个（可以是连续的，也可以是断续的）。

成形运动是机床最基本的运动。

2. 辅助运动

除成形运动外，为完成机床工作循环，还需一些其他的辅助运动。

1）空行程运动。刀架、工作台的快速接近与退出工件等，可节省辅助运动时间。

2）切入/切片运动。保证被加工面获得所需尺寸，刀具相对工件表面切入一定深度或离开的运动。

3）分度运动。使工件或刀具回转到所需要的角度。

4）操纵及控制运动。包括变速、换向、起停及工件的装夹等。

常见机床的切削运动见表 1-7。

表 1-7　常见机床的切削运动

机床名称	主运动	进给运动
卧式车床	工件旋转	车刀纵向、横向移动
钻床	钻头旋转	钻头轴向移动

（续）

机床名称	主运动	进给运动
铣床	铣刀旋转	工件和铣刀纵向、横向、垂直方向移动
镗床	镗刀旋转	镗刀轴向移动或工件轴向移动
牛头刨床	刨刀往复	工件横向、垂直方向间歇移动
龙门刨床	工件往复	刨刀横向、垂直方向间歇移动
外圆磨床	砂轮旋转	工件旋转、工件往复或砂轮横向移动
平面磨床	砂轮旋转	工件往复移动，砂轮横向、垂直移动

零件表面的成形方法

（三）零件表面的成形方法

1. 零件及零件表面形状

零件指机械中不可分拆的单个制件，是机器的基本组成要素，也是机械制造过程中的基本单元，其制造过程一般不需要装配工序。如轴套、轴瓦、箱体、曲轴、叶片、齿轮、凸轮、连杆体、连杆头等。机械零件的表面形状千变万化，但大都是由几种常见的表面组合而成的。这些表面包括平面、圆柱面、圆锥面、成形表面等，如图 1-21 所示。

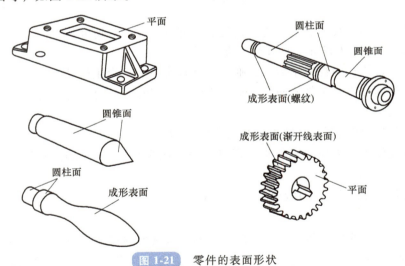

图 1-21 零件的表面形状

零件表面可以看成是由一条线（母线）沿着另一条线（导线）运动（移动或旋转）而形成的。母线和导线，统称为发生线。母线和导线相对位置不同，所形成的表面也不同。直母线与导线相对位置不同就分别形成了圆柱面、圆锥面和回转双曲面，如图 1-22 所示。

1）可逆表面：母线、导线可以互换，如平面、圆柱面。

2）非可逆表面：母线、导线不可互换，如圆锥面、螺旋面。

2. 工件表面成形方法

机械加工中，工件表面是由工件与刀具之间的相对运动和刀具切削刃的形状共同实现的。对于相同的表面，切削刃不同，工件和刀具之间的相对运动也不相同，这是形成各种加工方法的基础。工件表面的成形方法有轨迹法、成形法、相切法、展成法等。

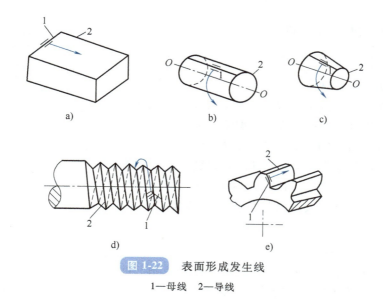

图 1-22　表面形成发生线

1—母线　2—导线

（1）轨迹法　即利用刀具做一定规律的轨迹运动，来形成所需工件表面形状的方法。母线和导线都是由刀具相对于工件的运动轨迹形成的，如图 1-23 所示。

（2）成形法　刀具的切削刃就是被加工表面的母线，导线是由刀具切削刃相对于工件的运动形成的。即利用成形刀具形成表面发生线，来形成所需工件表面形状的方法，如图 1-24 所示。

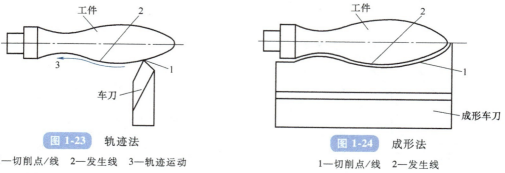

图 1-23　轨迹法

1—切削点/线　2—发生线　3—轨迹运动

图 1-24　成形法

1—切削点/线　2—发生线

（3）相切法　按相切法采用铣刀、砂轮等旋转刀具加工工件时，刀具自身的旋转运动形成圆形发生线，同时切削刃相对于工件的运动形成其他发生线，即利用旋转刀具边旋转边做轨迹运动来形成所需工件表面形状的方法，如图 1-25 所示。

（4）展成法　又称范成法，是指对各种齿形表面进行加工时，刀具的切削刃与工件表面之间为线接触，刀具与工件之间做展成运动（或啮合运动），齿形表面的母线是切削刃各瞬时位置的包络线，即利用工件和刀具做展成切削运动来形成工件表面的方法，如图 1-26 所示。

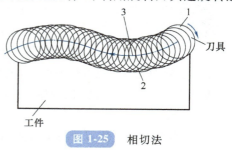

图 1-25　相切法

1—切削点/线　2—发生线　3—轨迹运动

三、金属切削刀具与刀具材料

（一）金属切削刀具

1. 金属切削刀具的种类

生产中所使用的刀具种类很多，按加工方式和用途分为车刀、铣刀、孔加工刀具、拉刀、螺纹刀具、齿轮刀具、自动线及数控机床刀具和磨具等类型；按所用材料分为高速钢刀具、硬质合金刀具、陶瓷刀具、立方氮化硼（CBN）刀具和金刚石刀具等；按结构分为整体刀具、镶片刀具、机夹刀具和复合刀具等；按是否标准化分为标准刀具和非标准刀具等。

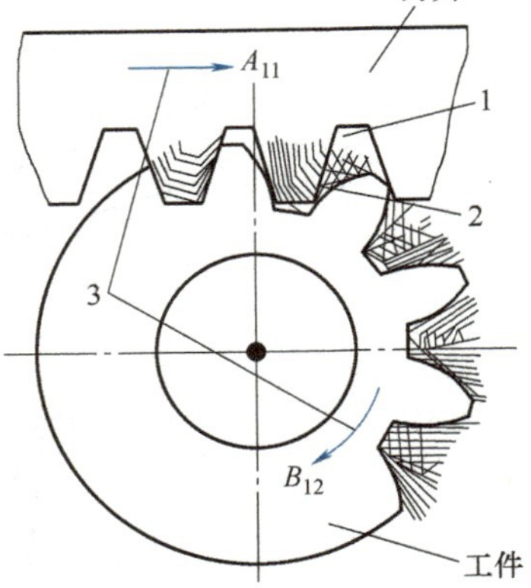

2. 刀具的结构与几何参数

各种刀具的切削部分在切削中所起的作用都是相同的，因此在结构上它们有许多共同的特征。其中外圆车刀是最基本、最典型的切削刀具，其他各种刀具都可看成是车刀的演变和组合形式。这里以普通外圆车刀为例说明刀具切削部分的组成，并给出切削部分几何角度的一般性定义。

（1）刀具的结构　刀具包括刀具切削与夹持部分，如图 1-27 所示。其中起切削作用的部分称为切削部分，夹持部分称为刀柄。图 1-28 所示为普通外圆车刀，刀具切削部分由三个刀面、两条切削刃和一个刀尖组成。

图 1-26　展成法

1—切削点/线　2—发生线　3—轨迹运动
母线—切削刃瞬时包络线
导线—刀具沿齿长方向的运动

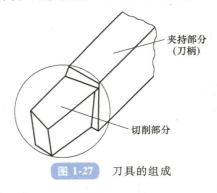

图 1-27　刀具的组成

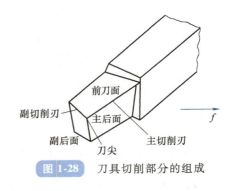

图 1-28　刀具切削部分的组成

金属切削刀具角度

1）刀具表面。

① 前刀面 A_γ：又称前面，刀具上切屑流过的表面。

② 后刀面：又称后面，与工件上切削中产生的表面相对的表面，分为主后面和副后面。

a）主后面 A_α：与过渡表面相对的表面，同前刀面相交形成主切削刃。

b）副后面 A_α'：与已加工表面相对，同前刀面相交形成副切削刃。

2）切削刃及刀尖。

① 主切削刃 S：前刀面与主后面相交形成的切削刃。

② 副切削刃 S'：前刀面与副后面相交形成的切削刃。

③ 刀尖：主切削刃与副切削刃的连接处相当少的一部分切削刃。

（2）刀具切削部分的几何参数

1）测量刀具角度的参考系。确定刀具几何角度的参考系主要有两大类：一类是用于定义刀具在设计、制造、刃磨和测量时刀具几何角度的参考系，称为刀具静止参考系，在刀具静止参考系中定义的刀具角度称为刀具的标注角度；另一类是规定刀具在进行切削加工时几何参数的参考系，称为刀具工作参考系，该参考系考虑了切削运动和实际安装情况对刀具几何角度的影响，在该参考系中定义和测量的刀具角度称为刀具的工作角度。

2）刀具静止参考系及刀具标注角度。

① 刀具静止参考系。刀具静止参考系主要由以下基准坐标平面组成。其辅助平面的确定如图 1-29 所示。

a）基面 p_r：通过主切削刃选定点，垂直于假定主运动方向的平面。

b）主切削平面 p_s：通过主切削刃选定点，与主切削刃相切并垂直于基面的平面。

c）副切削平面 p_s'：通过副切削刃选定点，与副切削刃相切并垂直于基面的平面。

d）正交平面 p_o：通过主切削刃选定点，同时垂直于基面和主切削平面的平面。

e）假定工作平面 p_f：通过主切削刃选定点，垂直于基面并平行于假定进给运动方向的平面。

② 车刀角度的标注。车刀的主要角度有前角、后角、主偏角、副偏角和刃倾角等。

a）主偏角 κ_r：主切削平面与假定工作平面间的夹角，即主切削刃在基面上的投影与进给方向间的夹角（40°～90°），主要影响切削刃工作长度和背向力的大小，如图 1-30 所示。

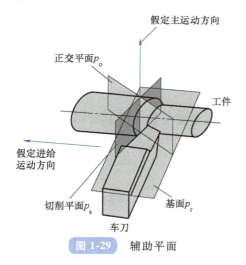

图 1-29　辅助平面

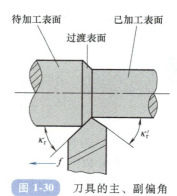

图 1-30　刀具的主、副偏角

b）副偏角 κ_r'：副切削平面与假定工作平面间的夹角，即副切削刃在基面上的投影与进给运动反方向间的夹角，主要影响已加工表面的表面粗糙度。

c）前角 γ_o：在正交平面中测量的前刀面与基面之间的夹角。当通过选定点的基面位于刀头实体之外时，前角为正值；当通过选定点的基面位于刀头实体之内时，前角为负值。前角对切削难易程度有很大影响，增大前角可使主切削刃锋利，切削轻快；但前角过大时，切削刃和刀尖的强度下降。前刀面与基面间的夹角（0°～15°）如图 1-31 所示。

动画：车刀的几何角度

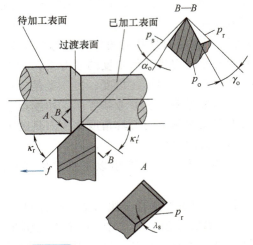

图 1-31 刀具的前角、后角和刃倾角

d）后角 α_o：在正交平面中测量的后刀面与切削平面之间的夹角。当后刀面与基面间的夹角小于 90° 时，后角为正值；大于 90° 时，后角为负值。后角主要影响刀具后刀面与工件表面之间的摩擦，并配合前角改变切削刃的锋利程度与强度。

e）刃倾角 λ_s：在主切削平面中测量的主切削刃与基面之间的夹角。刃倾角主要影响切屑流向和刀尖强度。当刀尖相对车刀刀柄安装面处于最高点时，刃倾角为正值；刀尖处于最低点时，刃倾角为负值；当切削刃平行于刀柄安装面时，刃倾角为 0°，此时切削刃在基面内。刃倾角对排屑有影响。

（二）刀具材料

刀具材料主要是指刀具切削部分的材料，其切削性能直接影响生产率、工件的加工质量和加工成本等，所以正确选择刀具材料是设计和选用刀具的重要内容。

1. 刀具材料应具备的性能

刀具材料与分类

切削金属时，刀具切削部分直接和工件及切屑相接触，承受着很大的切削压力和冲击，并受到工件及切屑的剧烈摩擦，切削区产生很高的切削温度。因此，刀具切削部分的材料应具备以下基本性能。

1）足够的硬度。刀具材料的硬度必须高于被加工材料的硬度。一般要求刀具材料的常温硬度必须在 62HRC 以上。

2）足够的强度和韧性。刀具切削部分的材料在切削时承受很大的切削力和冲击力，因此，刀具材料必须要有足够的强度和韧性。

3）耐磨性和耐热性好。刀具在切削时承受剧烈的摩擦，因此刀具材料应具有较强的耐磨性。刀具材料的耐热性通常是指它在高温下保持较高硬度的能力，耐热性越好，允许的切削速度越高。刀具材料的耐磨性和耐热性有着密切的关系。

4）导热性好。刀具材料的导热性用热导率表示。热导率大，表示导热性好，切削时产生的热量就容易传散出去，从而降低切削区域的温度，减轻刀具磨损。

5）具有良好的工艺性和经济性。刀具材料本身应具有良好的可加工性、刃磨性能、热处理性能和焊接性能等，同时要求资源丰富，价格低廉。

2. 常用刀具材料

刀具材料可分为碳素工具钢、高速工具钢、硬质合金、陶瓷和超硬材料等五大类。

（1）高速工具钢　　高速钢是一种含钨（W）、钼（Mo）、铬（Cr）、钒（V）等合金元素较多的高合金工具钢。由于合金元素与碳原子的结合力很强，使钢在 550～600℃ 时仍能保持高硬度，从而使切削速度比碳素工具钢和合金工具钢成倍提高，故得名"高速钢"，又名"风钢"或"锋钢"。

高速钢刀具制造工艺简单，容易磨出锋利的刃口，广泛用于制造切削速度中等、形状复杂的刀具，如钻头、丝锥、成形刀具、拉刀及齿轮刀具等。

高速工具钢按化学成分可分为钨系、钼系（含 Mo2% 以上），按切削性能可分为普通高速工具钢和高性能高速工具钢。

1）普通高速工具钢。普通高速工具钢指用来加工一般工程材料的高速工具钢，常用的牌号如下：

① W18Cr4V（简称 W18）：属钨系高速工具钢，具有较好的切削性能，是我国最常用的一种高速工具钢。

② W6Mo5Cr4V2（美国牌号 M2）：属钼系高速工具钢，碳化物分布均匀性、韧性和高温塑性均超过 W18Cr4V，但其磨削性能较差，目前主要用于热轧刀具，如麻花钻等。

③ W9Mo3Cr4V（简称 W9）：是一种含钨较多、含钼较少的钨钼系高速工具钢。其碳化物不均匀性介于 W18 和 M2 之间，但抗弯强度和冲击韧度高于 M2。它具有较好的硬度和韧性，其热塑性很好，可用于制造各种刀具，如锯条、钻头、拉刀、铣刀、齿轮刀具等。

2）高性能高速工具钢。高性能高速钢是在普通高速钢的基础上，通过调整其基本化学成分和添加一些其他合金元素（如钒、钴、铝、硅、铌等），提高其耐热性和耐磨性。它主要用来加工不锈钢、耐热钢、高温合金和超高强度钢等难加工材料。主要有以下几种：

① 钴高速工具钢。钴高速钢是在高速钢中加入钴，常用牌号是 W2Mo9Cr4Co8（美国牌号 M42），具有良好的综合性能，允许的切削速度较高，有一定的韧性，可磨削性好，用于切削高温合金、不锈钢等难加工材料。

② 铝高速工具钢。铝高速工具钢是我国独创的钢种，加入少量的铝，不但提高了钢的耐热性和耐磨性，而且还能防止含碳量高引起的强度、韧性下降。但由于含钒量较多，其磨削加工性较差，热敏感性强、氧化脱碳倾向较大，使用时要严格掌握热处理工艺。常用牌号有 W6Mo5Cr4V2Al（简称 501）和 W10Mo4Cr4V3Al（简称 5F6）。

（2）硬质合金　　硬质合金是用高硬度、高熔点的金属碳化物（WC、TiC、NbC、TaC等）作为硬质相，用钴、钼或镍等作为粘结相，研制成粉末，按一定比例混合压制成型，在高温高压下烧结而成。

硬质合金的常温硬度很高（89～93HRA，相当于 78～82HRC），耐热性好，热硬性可达 800～1000℃。允许的切削速度比高速工具钢高 4～7 倍、寿命高 5～8 倍，是目前切削加工中用量仅次于高速工具钢的主要刀具材料。但它的抗弯强度和韧性均较低、脆性大，怕冲击和振动，工艺性也不如高速工具钢。因此，硬质合金常制成各种形状的刀片，焊接或夹固在车刀、刨刀、面铣刀等的刀体上使用。

我国目前常用的硬质合金主要有以下三类：

1）钨钴类硬质合金。由 WC 和 Co 组成。常温硬度为 89～91HRA，耐热性达 800～900℃，适用于加工切屑呈崩碎状的脆性材料。钴在硬质合金中起粘结作用，含 Co 越多，硬质合金的韧性越好。

2）钨钛钴类硬质合金。由 WC、TiC 和 Co 组成。此类硬质合金的硬度、耐磨性和耐热性（900～1000℃）均比钨钴类合金高，但抗弯强度和冲击韧度降低，主要适于加工切屑呈带状的钢料等韧性材料。

3）钨钛钽（铌）钴类硬质合金。又称通用合金，由 WC、TiC、TaC（NbC）和 Co 组成。其抗弯强度、疲劳强度、冲击韧性、耐热性、高温硬度和抗氧化能力都有很大提高。由于此类硬质合金的综合性能较好，主要用于加工耐热钢、高锰钢、不锈钢等难加工材料，同时还可加工铸铁、有色金属和常用钢料。

（3）其他刀具材料

1）陶瓷材料。陶瓷刀具材料的主要成分是硬度和熔点都很高的 Al_2O_3、Si_3N_4 等氧化物、氮化物，再加入少量的金属碳化物、氧化物或纯金属等添加剂，采用粉末冶金工艺经制粉、压制烧结而成。

陶瓷刀具有很高的硬度（91～95HRA）和耐磨性，刀具使用寿命长且有很好的高温性能，化学稳定性好，与金属亲和力小，抗粘结和抗扩散能力好，具有较低的摩擦系数，在高速切削和精密铣削时，工件可获得镜面效果。陶瓷刀具的最大缺点是脆性大，抗弯强度和抗冲击韧性低，承受冲击载荷的能力差。主要用于对钢料、铸铁、高硬材料（如淬火钢等）连续切削的半精加工或精加工。

2）人造金刚石。人造金刚石是在高温高压和金属触媒作用的条件下，由石墨转化而成。金刚石刀具具有极高的硬度和耐磨性，切削刃非常锋利，有很好的导热性，但耐热性较差，且强度很低。主要用于高速条件下精细车削、镗削有色金属及其合金和非金属材料。由于金刚石中的碳原子和铁有很强的化学亲和力，故金刚石刀具不适合加工钢铁材料。

3）立方氮化硼（简称 CBN）。立方氮化硼是六方氮化硼（俗称白石墨）在超高温高压下，人工合成的一种新型无机超硬材料。

其主要性能特点是硬度高（高达 8000～9000HV），耐磨性好，热稳定性和化学稳定性好，且有较高的热导率和较小的摩擦系数，但其强度和韧性较差。主要用于对高温合金、淬硬钢、冷硬铸铁等材料进行半精加工和精加工。

4）涂层刀具。涂层刀具是在硬质合金基体或高速钢刀具基体上，用气相沉积方法涂覆一薄层耐磨性好的难熔金属化合物，常用的涂层材料有 TiC、TiN、Al_2O_3 等。涂层刀具的耐磨性和抗月牙洼磨损能力极高、摩擦系数低，可降低切削时的切削力和切削温度，能有效提高刀具的使用寿命。涂层刀具的缺点是其锋利性、韧性、抗剥落性、抗崩刃性差，且价格较高。

（三）刀具的磨损

1. 刀具的磨损形态

刀具磨损是指刀具摩擦面上的刀具材料逐渐损失的现象，刀具磨损分为正常磨损与非正常磨损两类。正常磨损是在刀具设计与使用合理、制造与刃磨质量符合要求的情况下，刀具在切削过程中逐渐产生的磨损。刀具正常磨损的形态一般有以下三种，如图 1-32 所示。

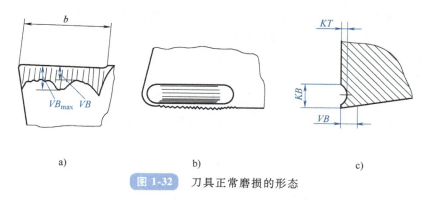

图 1-32 刀具正常磨损的形态

（1）前刀面磨损　切屑沿前刀面流出时，由于摩擦、高压和高温的作用，使刀具前刀面上靠近主切削刃处磨损出洼凹（称为月牙洼），月牙洼产生的地方是切削温度最高的地方。磨损量的大小用月牙洼的宽度 KB 和深度 KT 表示，如图 1-32b、c 所示，它是在高速、大进给量切削塑性材料时产生的。

（2）后刀面磨损　由于切削刃的刃口圆弧半径对加工表面的挤压和摩擦，在连接切削刃的后刀面上会磨出一后角等于零的小棱面，这就是后刀面磨损，磨损量用 VB 表示，如图 1-32a 所示。它是在切削速度较低、切削厚度较小的情况下，切削塑性材料时产生的。

（3）前、后刀面同时磨损　切削塑性材料时，如背吃刀量不适当，常会发生刀具前、后刀面同时磨损的情况。

在切削过程中，由于振动、冲击、热效应等异常原因，导致刀具突然损坏的现象（如崩刃、碎裂等）称为刀具非正常磨损。

2. 刀具磨损的原因及减轻措施

（1）磨料磨损　磨料磨损就是由于切屑或工件表面有一些微小的硬质点，如碳化铁、其他碳化物及积屑瘤碎片等硬粒，在刀具上划出沟纹而造成的磨损。

对于低速切削的刀具，如拉刀，磨料磨损是刀具磨损的主要原因。为减轻磨损，可以采取热处理使工件材料所含硬质点减小、变软，或选用硬度高、晶粒细的刀具材料。

（2）粘结磨损　粘结是摩擦表面分子间吸附力所造成的现象。在切削温度稍高的情况下，摩擦表面上微观的高低不平的接触点会彼此粘结，而摩擦面由于有相对运动，粘结点将产生破裂而被带走，造成粘结磨损。

粘结磨损主要发生在中等切削速度范围内，磨损程度主要取决于工件材料与刀具材料间的亲和力、两者的硬度比等。增加系统的刚度、减轻振动有助于避免大微粒的脱落。

（3）扩散磨损　扩散磨损是在更高温度下发生的一种现象。在摩擦副中，某些化学元素在固体状态下相互扩散到对方去，改变了原有材料的结构，使刀具材料变得脆弱，加速了刀具的磨损。减轻刀具扩散磨损的措施主要是合理选择刀具材料，使刀具与工件的材料组合化学稳定性好；合理选择切削用量以降低切削温度。

（4）氧化磨损　当切削温度达 700~800℃ 时，空气中的氧与硬质合金中的钴以及碳化钨、碳化钛等发生氧化作用，产生较软的氧化物，使得碳化物颗粒被粘走，这种磨损称为氧化磨损。

（5）热裂磨损　在有周期性热应力的情况下，因疲劳而产生的一种磨损，称为热裂磨损。例如，使用硬质合金铣刀进行高速铣削时，刀齿周期性地切入和切出，由于受到周期性的冲击，应力有较大的变化，而且骤冷骤热，产生相当大的热应力。当这种热应力多次反复，使刀具表层达到热疲劳极限时，刀齿将出现裂纹。当切削温度较高时，脆性的刀具材料特别容易发生这种磨损。

（6）塑性变形　刀具在较高温度下工作时，不但高速钢刀具会退火卷刃，而且硬质合金刀具也会产生表层塑性流动，甚至使切削刃或刀尖塌陷，其结果就是使刀具几何角度发生变化，从而进一步加速磨损。

总之，对于一定的刀具和工件材料，切削温度对刀具磨损具有决定性的影响。

3. 刀具的磨损过程

在正常磨损情况下，刀具的磨损量随着切削时间的增长而逐渐扩大。若用刀具后刀面磨损带 B 区平均宽度 VB 值表示刀具的磨损程度，则 VB 值与切削时间 T 的关系如图 1-33 所示，磨损过程大致可分为以下三个阶段。

（1）初期磨损　这一阶段磨损较快，这是因为切削刃上应力集中，后刀面上很快被磨出一个窄的面。这样就使压强减小，因而磨损速度就会稳定下来。初期磨损量的大小和刀具的刃磨质量有很大的关系。

（2）正常磨损　刀具的磨损宽度随时间增长而均匀地增加。正常磨损阶段的曲线基本上是一条向上倾斜的直线段。

（3）急剧磨损　由于刀具变钝，切削力增大，温度升高，磨损原因发生了质的变化，使磨损大大加剧，磨损达到这一阶段时，刀具消耗很不经济。使用刀具时，应避免使刀具磨损进入这一阶段。

刀具磨损量的大小将直接影响切削力、切削热和切削温度的增加，并使工件的加工精度和表面质量降低。

一般刀具的后刀面都会磨损，而测量后刀面的磨损量比较方便。因此，一般都按照后刀面的磨损尺寸来制订磨钝标准。通常所谓磨钝标准就是指后刀面磨损带中间平均磨损量允许达到的最大磨损尺寸。

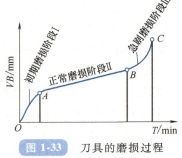

图 1-33　刀具的磨损过程

4. 刀具使用寿命及其影响因素

（1）刀具使用寿命的概念　刀具使用寿命（以往称为刀具耐用度）是指刃磨后的刀具从开始切削至磨损量达到磨钝标准为止的切削时间，用 T 表示。使用寿命是指净切削时间，不包括用于对刀、测量、快进和回程等非切削时间。刀具总寿命是指一把新刀具从开始使用到报废为止的切削时间，它是刀具平均寿命与刀具刃磨次数的乘积。

刀具使用寿命是表征刀具材料切削性能优劣的一项综合指标，在相同的切削条件下，使用寿命越长，表明刀具材料的耐磨性越好。

（2）切削用量对刀具使用寿命的影响　当刀具材料、角度及工件材料确定后，刀具使用寿命取决于切削用量，其中切削速度对刀具使用寿命的影响最大，进给量次之，背吃刀量影响最小。所以，在优选切削用量以提高生产率时，应首先尽量选大的背吃刀量，然后根据加工条件和加工要求选取允许的最大进给量，最后，在刀具使用寿命或机床功率允许的情况下，选取最大的切削速度。

四、金属切削过程的基本规律

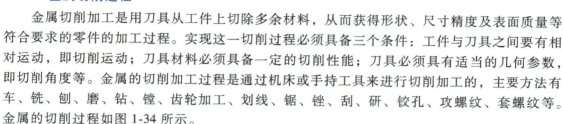

（一）金属切削过程及切削变形

1. 金属切削过程

金属切削加工是用刀具从工件上切除多余材料，从而获得形状、尺寸精度及表面质量等符合要求的零件的加工过程。实现这一切削过程必须具备三个条件：工件与刀具之间要有相对运动，即切削运动；刀具材料必须具备一定的切削性能；刀具必须具有适当的几何参数，即切削角度等。金属的切削加工过程是通过机床或手持工具来进行切削加工的，主要方法有车、铣、刨、磨、钻、镗、齿轮加工、划线、锯、锉、刮、研、铰孔、攻螺纹、套螺纹等。金属的切削过程如图 1-34 所示。

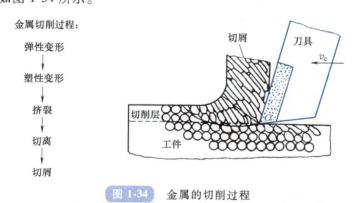

图 1-34 金属的切削过程

2. 切削过程中的变形区

金属在加工过程中会发生剪切和滑移，图 1-35 所示为金属的滑移线和流动轨迹，其中横向线是金属的流动迹线，纵向线是金属的剪切滑移线。由图可知，金属切削过程的塑性变形通常可以划分为三个变形区。

（1）第一变形区 切削层金属从开始塑性变形到剪切滑移基本完成的过程区。如图 1-35 所示，OA 与 OM 之间的区域就是第一变形区 I。第一变形区是金属切削变形过程中最大的变形区，

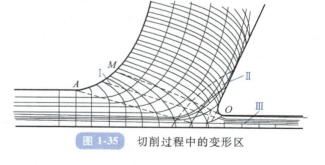

图 1-35 切削过程中的变形区

在这个区域内，金属将产生大量的切削热，并消耗大部分功率。此区域较窄，宽度仅为 0.02～0.2mm。

（2）第二变形区 产生塑性变形的金属切削层材料经过第一变形区后沿刀具前刀面流出，在靠近前刀面处形成第二变形区 II。在这个变形区域，由于切削层材料受到刀具前刀面的挤压和摩擦，变形进一步加剧，材料在此处纤维化，流动速度减慢，甚至停滞在前刀面上。而且，切屑与前刀面的压力很大，高达 2～3GPa，由此摩擦产生的热量也使切屑与刀具表面温度上升到几百摄氏度的高温，切屑底部与刀具前刀面发生粘结现象。

（3）第三变形区　已加工表面受到切削刃钝圆部分和后刀面的挤压与摩擦，产生变形和回弹，造成纤维化与加工硬化，这部分称为第三变形区Ⅲ。

这三个变形区汇集在切削刃附近，切削层金属在此处与工件基体分离，一部分变成切屑，很小一部分留在已加工表面上。三个变形区具有各自的特征，但三个变形区之间既互相联系，又互相影响，金属切削过程中的许多物理现象与三个变形区的变形密切相关。

（二）金属切削过程中伴生的物理现象

1. 积屑瘤

（1）积屑瘤的形成　在用低、中速连续切削一般钢材或其他塑性材料时，切屑同刀具前刀面之间存在着摩擦，如果切屑上紧靠刀具前刀面的薄层在较高压强和温度的作用下，同切屑基体分离而粘结在刀具前刀面上，再经层层重叠粘结，在刀尖附近往往会堆积成一块经过剧烈变形的楔状切屑材料，称为积屑瘤，如图 1-36 所示。

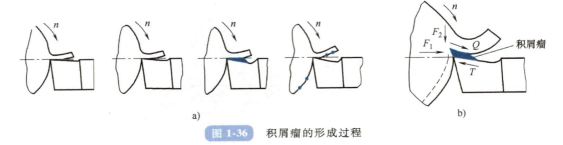

图 1-36 积屑瘤的形成过程

积屑瘤的硬度较基体材料高一倍以上，实际上可代替切削刃切削。积屑瘤的底部较稳定，顶部同工件和切屑没有明显的分界线，容易破碎和脱落，一部分随切屑带走，一部分残留在加工表面上，从而使工件变得粗糙。所以在精加工时一定要设法避免或抑制积屑瘤的形成。积屑瘤的产生、成长和脱落是一个周期性的动态过程（据测定，其脱落频率为 30～170 次/s），它使刀具的实际前角和切削深度也随之发生变化，引起切削力波动，影响加工稳定性。在一般情况下，当切削速度很低或很高时，因没有产生积屑瘤的必要条件（较大的切屑与刀具前刀面间的摩擦力和一定的温度），不产生积屑瘤。

（2）影响积屑瘤的因素及控制方法

1）工件材料：塑性越大，越易产生积屑瘤。控制措施是降低工件材料的塑性。

2）切削速度：切削中碳钢时，切削速度 $v_c < 5m/min$ 时，不产生积屑瘤，$v_c = 5 \sim 50m/min$ 时可形成积屑瘤，$v_c > 100m/min$ 时不形成积屑瘤。

3）冷却润滑条件：当温度为 300～500℃ 时，最易产生积屑瘤，当温度高于 500℃ 时，积屑瘤趋于消失。控制措施是选用切削液。

2. 加工硬化（冷作硬化）

加工硬化即工件在机械加工中表面层金属产生强烈的冷态塑性变形后，引起强度和硬度都有所提高的现象。

（1）加工硬化产生的原因　加工时，表面层金属由于塑性变形使晶粒间产生剪切滑移，晶格扭曲，晶粒发生拉长、破碎、纤维化，从而使表层材料强化，强度和硬度提高。加工硬化程度取决于产生塑性变形的力、变形速度及变形时的温度。

（2）影响加工硬化的主要因素　刀具切削刃口圆角和后刀面的磨损量增大，前角减小都会促进加工硬化。切削速度增大，则硬化层深度及硬度减小。被加工材料硬度增大，加工硬化现象加剧。

3. 残余应力

残余应力是工件冷态塑性变形、热态塑性变形及金相组织的变化引起的综合结果，表层残余应力严重，将可能导致裂纹的产生，严重影响工件的疲劳强度，降低工件的使用性能。因此对表层残余应力的产生及影响要进行深入分析，并采取有效的工艺措施，保证工件表面的完整性。残余应力产生的原因主要有以下几个方面：

（1）冷态塑性变形引起的残余应力　在切削力作用下，已加工表面产生强烈的塑性变形，表面层产生残余压应力，里层产生残余拉应力。当刀具从加工表面上切除金属时，由于后刀面的挤压和摩擦作用，加大了表面伸长的塑性变形，表面层的伸长变形受到基体金属的限制，也产生了残余压应力。

（2）热态塑性变形引起的残余应力　工件已加工表面在切削热作用下，产生热膨胀，此时，金属基体温度较低，因此，表层产生热压应力。当切削过程结束时，表面温度下降，由于表层已产生热塑性变形要收缩并受到基体的限制，因而产生残余拉应力。磨削加工表面层的瞬时温度很高，必然引起表层金属膨胀，使工件变长、变粗，由于内部金属体积大而不发生变形，受热变形的外层金属将承受压应力。

（3）金相组织变化引起的残余应力　切削时产生的高温会引起表面层金相组织的变化。不同的金相组织有不同的比容，表面层金相组织变化的结果将造成体积的变化。表面层体积膨胀时，因为受到基体的限制，产生了压应力，反之，表面层体积收缩时，则产生拉应力。

机械加工后表面层的残余应力是由冷、热态塑性变形及金相组织变化引起的综合结果。在一定条件下，其中某一种或两种原因可能起主导作用。对于切削加工，温度不高时，以冷态塑性变形为主；温度高时，以热态塑性变形为主。对于磨削加工，轻磨削条件时，产生浅而小的残余压应力，没有金相组织的变化，温度影响小，主要是塑性变形起作用；中等磨削条件时，产生浅而大的拉应力。淬火钢重磨时产生深而大的拉应力，显然是由于热态塑性变形和金相组织变化在起主导作用。

残余压应力能阻止裂纹的产生，而残余拉应力会助长裂纹产生、降低工件的使用性能。为了消除残余应力的影响，重要工件的主要表面，应采用合理的精密加工，光整加工或采用表面强化工艺等措施，保证工件表面的完整性。

（三）切屑的种类

根据工件材料、刀具几何参数和切削用量等的具体情况，切屑的形状一般有：带状屑、节状屑、崩碎屑、宝塔状卷屑、发条状卷屑、长紧螺卷屑、螺卷屑等。

切屑的种类有带状切屑、节状切屑、粒状切屑、崩碎切屑，如图1-37所示。

（1）带状切屑　这是一种最常见的连续状切屑，其底面光滑，上表面呈毛茸状。一般切削塑性较好的金属材料，采用较大的前角、较高的切削速度、较小的进给量和切削深度时，容易形成带状切屑，如图1-37a所示。形成带状切屑时，切削力比较稳定，加工表面粗糙度值较小，但切屑会缠绕在刀具或工件上，不够安全，还可能划伤已加工表面，因此要注意采取断屑措施。

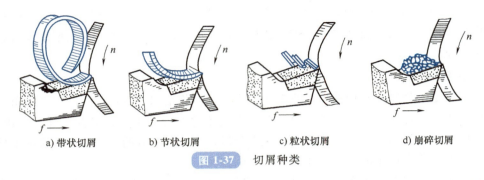

a) 带状切屑　　　b) 节状切屑　　　c) 粒状切屑　　　d) 崩碎切屑

图 1-37　切屑种类

（2）节状切屑　这类切屑的上表面呈锯齿状，底面有时出现裂纹，如图 1-37b 所示。一般在采用较低的切削速度和较大的进给量，粗加工中等硬度的钢材时，容易得到节状切屑。由于形成这类切屑时变形较大，切削力波动较大，因此工件表面比较粗糙。

（3）粒状切屑　又称单元切屑，切屑沿剪切面完全断开。在刀具前角小、切削速度低、加工塑性较差的材料时形成此类切屑，如图 1-37c 所示。当出现这类切屑时，切削力波动很大，切削过程不平稳，已加工表面的表面粗糙度值增加。

（4）崩碎切屑　在切削脆性金属材料（如铸铁、钛合金等）时，由于材料的塑性很小，切削层金属崩碎而成为不规则的切屑，即为崩碎切屑，如图 1-37d 所示。工件材料越硬，切削层公称厚度越大就越容易形成崩碎切屑，这时的切削力变化较大。由于刀具与切屑之间接触长度短，切削力和切削热都主要集中在主切削刃和刀尖附近，刀尖容易磨损，并易产生振动，影响刀具寿命。

前三种类型的切屑一般是在切削塑性金属材料时产生的。在形成节状切屑的条件下，减小刀具前角或增大切削层公称厚度，并采用很低的切削速度就可形成单元切屑，反之，增大刀具前角、提高切削速度、减小切削层公称厚度则可形成带状切屑。这说明切屑的形态可以随切削条件的不同而转化。在生产中，常根据具体情况采取不同的措施来得到需要的切屑，以保证切削加工的顺利进行。

五、零件的结构工艺性及毛坯选择

（一）零件的结构工艺性分析

零件的结构工艺性是指在满足使用性能的前提下，是否能以较高的生产率和最低的成本方便地加工出来的特性。为了多快好省地把所设计的零件加工出来，就必须对零件的结构工艺性进行详细的分析。主要考虑如下几方面：

1. 有利于达到所要求的加工质量

1）合理确定零件的加工精度与表面质量。加工精度若定得过高，会增加工序，增加制造成本；过低时，会影响机器的使用性能，故必须根据零件在整个机器中的作用和工作条件合理地确定加工精度，尽可能使零件加工方便且制造成本低。

2）保证位置精度的可能性。为保证零件的位置精度，最好使零件能在一次安装中加工出所有相关表面，这样就能依靠机床本身的精度来达到所要求的位置精度。如图 1-38a 所示的结构，不能保证 $\phi80$mm 外圆与 $\phi60$mm 内孔的同轴度要求。如改成图 1-38b 所示的结构，就能在一次安装中加工出外圆与内孔，保证二者的同轴度要求。

2. 有利于减少加工劳动量

1）尽量减少不必要的加工面积。减少加工面积不仅可减少机械加工的劳动量，有利于保证位置精度的工艺结构，而且还可以减少刀具的损耗，提高装配质量。

图 1-39b 中的轴承座减少了底面的加工面积，降低了修配的工作量，可保证配合面的接触。图 1-40b 所示结构既减少了精加工的面积，又避免了深孔加工。

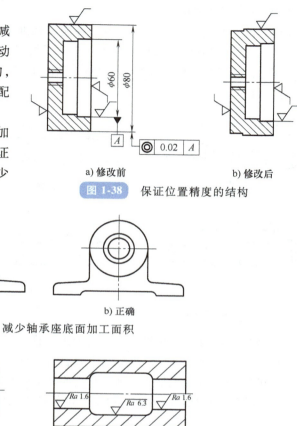

ϕ60
ϕ80
A
0.02
A
a) 修改前
b) 修改后

图 1-38　保证位置精度的结构

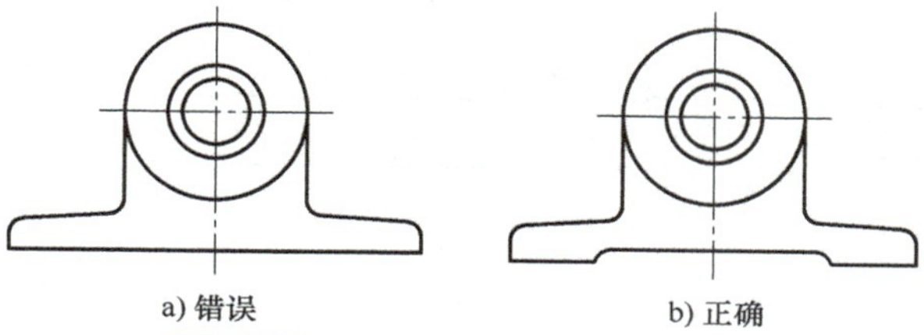

a) 错误
b) 正确

图 1-39　减少轴承座底面加工面积

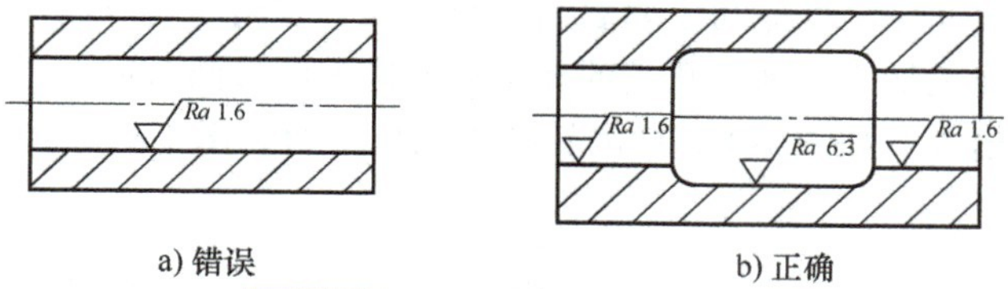

Ra 1.6
Ra 1.6
Ra 6.3
Ra 1.6
a) 错误
b) 正确

图 1-40　避免深孔加工的方法

2）尽量避免或简化内表面的加工。因为外表面的加工要比内表面加工方便经济，又便于测量。因此，在零件设计时应力求避免在零件内腔进行加工。如图 1-41 所示箱体，将图 1-41a 所示结构改成图 1-41b 所示结构，不仅加工方便而且有利于装配。再如图 1-42 所示，将图 1-42a 中件 2 上的内沟槽 *a* 加工，改成图 1-42b 中件 1 的外沟槽加工，加工与测量就都很方便。

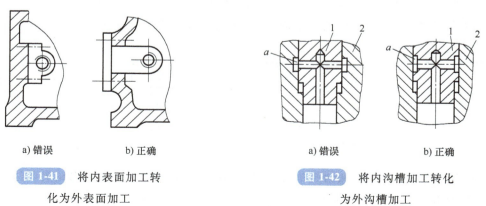

a) 错误
b) 正确

图 1-41　将内表面加工转化为外表面加工

1
2
a
a) 错误
b) 正确

图 1-42　将内沟槽加工转化为外沟槽加工

3. 有利于提高劳动生产率

1）零件的有关尺寸应力求一致，并能用标准刀具加工。如图 1-43b 所示，越程槽或退刀槽尺寸一致，则减少了刀具的种类，节省了换刀时间。如图 1-44b 所示，采用高度相等的凸台，则减少了加工过程中刀具的调整。如图 1-45b 所示的结构，能采用标准钻头钻孔，从而方便了加工。

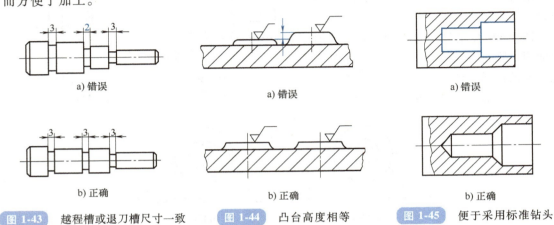

图 1-43　越程槽或退刀槽尺寸一致　　图 1-44　凸台高度相等　　图 1-45　便于采用标准钻头

2）减少零件的安装次数。零件的加工表面应尽量分布在同一方向，或互相平行或互相垂直的表面上；次要表面应尽可能与主要表面分布在同一方向上，以便在加工主要表面时一次完成，同时将次要表面也加工出来；孔端的加工表面应为圆形凸台或沉孔，以便在加工孔时同时将凸台或沉孔全锪出来。如图 1-46b 中的钻孔方向应一致；图 1-47b 中键槽的方位应一致。

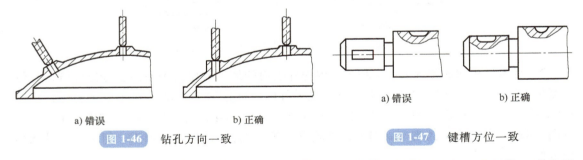

图 1-46　钻孔方向一致　　　　图 1-47　键槽方位一致

3）零件的结构应便于加工。如图 1-48b、图 1-49b 所示，设有越程槽、退刀槽，减少了砂轮和刀具的磨损。图 1-50b 所示结构，便于引进刀具，从而保证了加工的可能性。

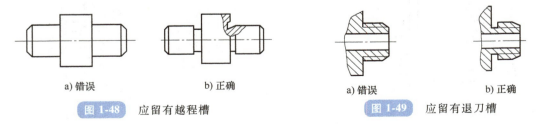

图 1-48　应留有越程槽　　　　图 1-49　应留有退刀槽

4）避免在斜面上钻孔和钻头单刃切削。如图 1-51b 所示，避免了因钻头两边切削力不等而致使钻孔轴线倾斜或钻头折断。

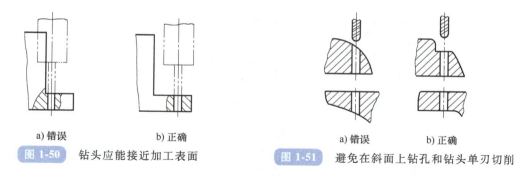

图 1-50　钻头应能接近加工表面　　图 1-51　避免在斜面上钻孔和钻头单刃切削

5）便于多刀或多件加工。如图 1-52b 所示，为适应多刀加工，阶梯轴各段长度应相似或成整数倍；直径尺寸应沿同一方向递增或递减，以便调整刀具。零件设计的结构要便于多件加工，图 1-53b 所示结构可将毛坯排列成行，便于多件连续加工。

图 1-52　便于多刀加工

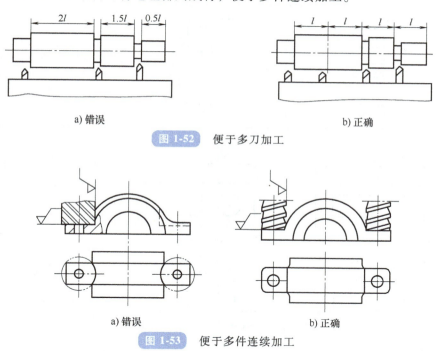

图 1-53　便于多件连续加工

零件结构工艺性分析见表 1-8。

表 1-8　零件结构工艺性分析

序号	结构工艺性不好（结构 A）	结构工艺性好（结构 B）	说　　明
1	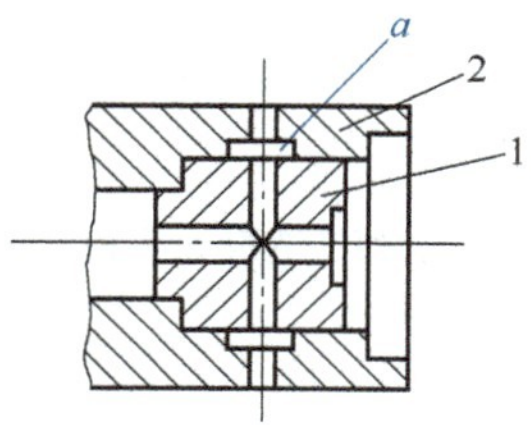	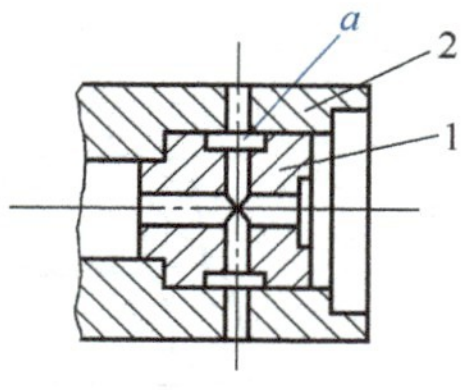	在结构 A 中，件 2 上的槽 a 不便于加工和测量。宜将槽 a 改在件 1 上，如结构 B

（续）

序号	结构工艺性不好（结构 A）	结构工艺性好（结构 B）	说　　明
2			结构 A 中的两个键槽，需要装夹两次加工，改进后只需要装夹一次即可
3		a)　　　b)	结构 A 中的小孔离箱壁太近，钻头向下引进时，钻床主轴会碰到箱壁。改进后小孔与箱壁留有适当的距离，便于加工
4			结构 A 中的加工面设计在箱体内，加工时调整刀具不方便。结构 B 中的加工面设计在箱体的外部，便于加工和观察
5			结构 B 的两个凸台表面可在一次走刀中加工完毕，以减少机床的调整次数
6			箱体底面要安装在机座上，只需加工部分底面，如改进后结构 B 所示，既可减少加工工时，又提高了底面的接触刚度
7			结构 A 中的小齿轮无法加工，结构 B 中小齿轮可以插削加工
8			加工结构 A 中的孔时，钻头容易引偏

（续）

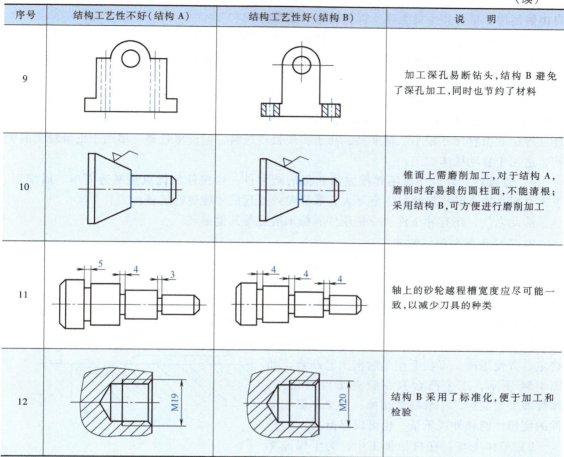

序号	结构工艺性不好(结构 A)	结构工艺性好(结构 B)	说　　明
9			加工深孔易断钻头,结构 B 避免了深孔加工,同时也节约了材料
10			锥面上需磨削加工,对于结构 A,磨削时容易损伤圆柱面,不能清根;采用结构 B,可方便进行磨削加工
11			轴上的砂轮越程槽宽度应尽可能一致,以减少刀具的种类
12			结构 B 采用了标准化,便于加工和检验

（二）毛坯的选择

毛坯的选择不仅影响毛坯本身制造的工艺、设备和制造费用,而且对零件加工工艺等也有很大影响。所以在确定毛坯时,常需要兼顾冷、热加工两方面的要求,以便从确定毛坯这一环节中降低零件的制造成本。

1. 毛坯的选择

毛坯的种类很多,同一种毛坯又有多种制造方法,机械制造中常用的毛坯有铸件、锻件、型材和焊接件等。

1）铸件。形状复杂的零件毛坯宜采用铸造方法制造。目前铸件大多用砂型铸造,砂型铸造分为木模手工造型和金属模机器造型两种。木模手工造型生产的铸件精度低,表面加工余量大,生产率低,适用于单件小批生产或大型零件的铸造。金属模机器造型生产率高,铸件精度高,但设备费用高,铸件的重量也受到限制,适用于大批量生产的中小铸件。少量质量要求较高的小型铸件可采用特种铸造,如压力铸造、离心铸造和熔模铸造等。

2）锻件。机械强度要求高的钢件一般采用锻件毛坯,锻件有自由锻件和模锻件两种。自由锻件可用手工锻打（小型毛坯）、机械锤锻（中型毛坯）或压力机压锻（大型毛坯）

等方法获得，这种锻件的精度低，生产率不高，加工余量较大，而且零件的结构必须简单。自由锻适用于单件和小批生产，以及制造大型锻件。

模锻件的精度和表面质量比自由锻件好，而且锻件的形状也可以较为复杂，因而能减少机械加工余量。模锻的生产率比自由锻高，但需要特殊的设备和锻模，故适用于批量较大的中小型锻件。

3）型材。型材按截面形状可分为圆钢、方钢、六角钢、扁钢、角钢、槽钢及其他特殊截面的型材。型材有热轧和冷拉两类，热轧的型材精度低，但价格便宜，用于一般零件的毛坯。冷拉的型材尺寸较小、精度高，易于实现自动送料，但价格较高，多用于批量较大的生产，适用于自动机床加工。

4）焊接件。焊接件是用焊接方法获得的结合件。焊接件的优点是制造简单、周期短、节省材料，缺点是抗振性差、变形大，需经时效处理后才能进行机械加工。

除此之外，还有冲压件、冷挤压件、粉末冶金等其他毛坯。

2. 毛坯形状和尺寸的确定

毛坯的形状和尺寸受到零件形状、毛坯种类、毛坯各表面的加工余量和热处理等多方面工艺因素的影响，但应尽可能接近零件的形状和尺寸，以利于节约材料和减少机械加工工作量。下面仅从机械加工工艺的角度，分析确定毛坯的形状和尺寸时应考虑的问题。

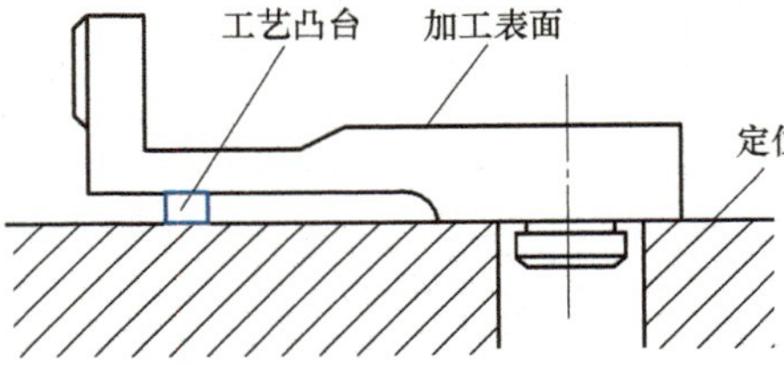

1）工艺凸台。有些零件加工时，为了装夹稳定、方便迅速，可在毛坯上制出工艺凸台，如图1-54所示，工艺凸台只在装夹工件时使用，零件加工完成后，一般都要切掉，如果不影响零件的使用性能和外观质量，也可以保留。

图 1-54 工艺凸台

2）整体毛坯。在机械加工中，为了保证零件的加工质量和加工时便于定位装夹，常做成整体毛坯，加工到一定阶段后再切开。如连杆零件、磨床主轴部件中的三瓦轴承、车床的开合螺母、平衡砂轮用的平衡块等均属于此类零件。

3. 绘制毛坯图

在确定了毛坯种类、形状和尺寸后，还应绘制毛坯图。作为毛坯生产单位的产品图样，毛坯图是在零件图的基础上，在相应的加工表面上加上毛坯余量。绘制时还要考虑毛坯的具体制造条件，如铸件上的孔、锻件上的孔和空档、法兰等的最小铸出和锻出条件；铸件和锻件表面的起模斜度（或拔模斜度）和圆角、分型面和分模面的位置等。并用双点画线在毛坯图中表示出零件的表面，以区别加工表面和非加工表面，如图1-55所示。除了图中表示的尺寸、精度外，还应在图上写明具体的技术要求，如未注圆角、起模斜度、热处理要求、组织要求、表面质量及硬度要求等。

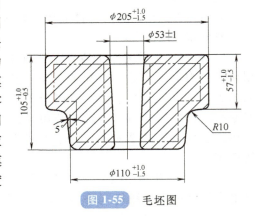

图 1-55 毛坯图

【项目实施】

任务1　传动轴零件加工工艺过程的设计

一、任务引入

根据制造企业的要求，结合企业的实际情况和零件加工要求，制订车床传动轴零件的加工工艺。传动轴在车床中的装配图及传动轴零件图如图 1-56、图 1-57 所示。传动轴零件的

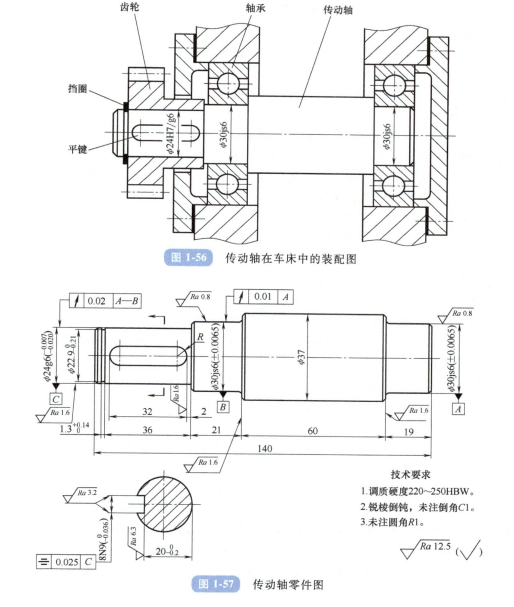

图 1-56　传动轴在车床中的装配图

图 1-57　传动轴零件图

技术要求

1.调质硬度220～250HBW。

2.锐棱倒钝，未注倒角C1。

3.未注圆角R1。

生产纲领为 200 件/年，传动轴的数量 $n=1$ 件/台，传动轴的备品百分率 $a=5\%$，废品百分率 $b=0.5\%$；传动轴的材料为 45 钢，调质处理至 220~250HBW。试编制该零件的机械加工工艺过程卡。

二、相关知识

（一）轴类零件概述

轴类零件是机器中的常见零件，也是重要零件，其主要功用是支承传动零部件（如齿轮、带轮等），并传递运动和转矩，一切做回转运动的传动零件都必须安装在轴上才能进行运动和动力的传递。轴的基本结构由回转体组成，它们都是长度大于直径的回转体零件，其主要加工表面有内、外圆柱面，圆锥面，螺纹，花键，横向孔，沟槽等。

1. 轴类零件的技术要求

（1）尺寸精度　轴类零件的支承轴颈一般与轴承内圈配合，是轴类零件的主要表面，也是重要的配合面。它影响轴的回转精度和工作状态，通常对其尺寸精度要求较高，其直径公差等级通常为 IT5~IT7；装配各类传动件的配合轴颈尺寸精度可低一些，其直径公差等级通常为 IT6~IT9。

（2）形状精度　轴类零件的形状精度主要是指支承轴颈的圆度、圆柱度，一般控制在直径公差之内；形状精度要求较高时，应在零件图样上另行规定其允许的公差。

（3）相互位置精度　轴类零件中的配合轴颈（装配传动件的轴颈）相对于支承轴颈的同轴度或跳动量是其相互位置精度的基本要求，它会影响传动件的传动精度。对于普通精度的轴，配合轴颈对支承轴颈的径向圆跳动要求一般为 0.01~0.03mm；对于高精度轴，为 0.001~0.005mm。此外，相互位置精度还有内、外圆柱面间的同轴度要求，轴向定位端面与轴心线的垂直度要求等。

（4）表面粗糙度　轴的各个加工表面都有表面粗糙度要求。根据机器精密程度的高低、运转速度的大小，轴类零件表面粗糙度要求也不相同。支承轴颈的表面粗糙度 Ra 值一般为 0.16~0.63μm，配合轴颈的表面粗糙度 Ra 值为 0.63~2.5μm。

各类机床传动轴是一种典型的轴类零件，下面以图 1-57 所示传动轴零件的加工为例，分析轴类零件的工艺过程。

2. 传动轴的主要技术要求分析

对于轴类零件，可以从回转精度、定位精度、工作噪声三个方面分析传动轴的技术要求，具体分析如下：

1）支承轴颈的技术要求。一般轴类零件的装配基准是支承轴颈，轴上的各精密表面也都以支承轴颈为设计基准，因此传动轴零件上支承轴颈的精度最为重要，它的精度将直接影响轴的回转精度。由图 1-57 可见传动轴有三处支承轴颈表面，其径向圆跳动均有较高的精度要求。

2）由图 1-56 所示车床传动轴装配图可知，传动轴起到支承齿轮和传递转矩的作用。两 ϕ30js6 外圆（轴颈）用于安装轴承，中间段 ϕ37mm 轴肩起到轴承轴向定位作用。ϕ24g6 外圆及轴肩用于安装齿轮及齿轮轴向定位，采用普通平键联接，轴的左端有挡圈槽，用于安装挡圈，以轴向固定齿轮。

3）$\phi30js6$、$\phi24g6$ 轴颈都具有较高的尺寸精度（IT6）和位置精度（圆跳动公差分别为 0.01mm、0.02mm）要求，表面粗糙度（Ra 值分别为 0.8μm、1.6μm）要求也较高；$\phi37mm$ 轴肩两端面虽然尺寸精度要求不高，但表面粗糙度要求较高（Ra 值为 1.6μm）；圆角 $R1mm$ 的精度要求并不高，但需与轴颈及轴肩端面一起加工，所以 $\phi30js6$、$\phi24g6$ 轴颈，$\phi37mm$ 轴肩端面，圆角 $R1mm$ 均为加工的关键表面。

4）键槽侧面（宽度）尺寸精度（IT9）要求中等，位置精度（对称度公差为 0.025mm，约为 8 级）要求比较高，表面粗糙度（Ra 值为 3.2μm）要求中等，键槽底面（深度）尺寸精度和表面粗糙度（Ra 值为 6.3μm）要求都较低，所以键槽是次要加工表面。

5）其他配合表面的技术要求。如对轴上与齿轮装配表面的技术要求是：对 A、B 轴颈的公共轴线的圆跳动公差为 0.02mm，以保证齿轮传动的平稳性，减少噪声。

上述 1）、2）项技术要求影响轴的回转精度，而 3）、4）项技术要求影响轴作为装配基准时的定位精度，而第 5）项技术要求影响工作噪声，这些表面的技术要求是轴加工的关键技术问题。

3. 传动轴的材料、毛坯和热处理

（1）轴类零件的材料　轴类零件应根据不同工作条件和使用要求，选用不同的材料和热处理工艺，以获得所需的强度、韧性和耐磨性。

一般轴类零件常用材料为 45 钢，并根据需要进行正火、退火、调质、淬火等热处理，以获得一定的强度、硬度、韧性和耐磨性。通过调质可得到较好的切削性能，而且能获得较高的强度、韧性等综合力学性能；表面经局部淬火后再回火，表面硬度可达到 45～52HRC。

对于中等精度而转速较高的轴类零件，可选用 40Cr 等牌号的合金结构钢，这类钢经调质和表面淬火处理，可使其淬火层硬度均匀且具有较高的综合力学性能。精度较高的轴还可使用轴承钢 GCr15 和弹簧钢 65Mn，它们经调质和局部淬火后，具有更高的耐磨性和耐疲劳性。

在高速重载条件下工作的轴，可以选用 20CrMnTi、20Mn2B、20Cr 等渗碳钢，经渗碳淬火后，表面具有很高的硬度，而心部的强度和冲击韧性好。

车床传动轴属一般轴类零件，材料选用 45 钢，预备热处理采用正火和调质，最后热处理采用局部高频感应淬火。

（2）传动轴零件的毛坯　轴类零件毛坯一般使用锻件和圆棒料，结构复杂的轴（如曲轴）可使用铸件。光轴和直径相差不大的阶梯轴，一般以圆棒料为主。外圆直径相差较大的阶梯轴或重要的轴，宜选用锻件毛坯，采用锻件毛坯可减少切削加工量，又可以改善材料的力学性能。

毛坯经过加热锻造后，能使金属内部纤维组织沿表面均匀连续分布，可获得较高的抗拉、抗弯及抗扭强度，所以除光轴、直径相差不大的阶梯轴使用热轧棒料或冷拉棒料外，一般比较重要的轴大多采用锻件。主轴属于重要的且直径相差大的零件，所以通常采用锻件毛坯。

（3）传动轴零件的热处理　轴的锻造毛坯在机械加工前，均需安排正火或退火处理，使钢材内部晶粒细化，消除锻造应力，降低材料硬度，改善切削性能。

凡要求局部表面淬火以提高耐磨性的轴，须在淬火前安排调质处理。当毛坯加工余量较大时，调质安排在粗车之后、半精车之前，使粗加工产生的残余应力能在调质时消除；当毛

坯加工余量较小时，调质可安排在粗车之前进行。表面淬火一般安排在精加工之前，可保证淬火引起的局部变形在精加工中得到纠正。

对于精度要求较高的轴，在局部淬火和粗磨之后，还需安排低温时效处理，以消除淬火及磨削中产生的残余应力。

（二）基准的概念及分类

基准是用来确定生产对象上几何要素间的几何关系所依据的那些点、线、面。它是几何要素之间位置尺寸标注、计算和测量的起点。根据功用不同，基准可分为设计基准和工艺基准。

基准类型与定位基准选择

1. 设计基准

设计基准是指在设计图样上标注尺寸所采用的基准。

在一个机件的零件图上，可以有一个或多个设计基准。如图 1-58 所示的钻套，轴线 O—O 是各外圆表面及内孔的设计基准；端面 A 是端面 B、C 的设计基准；内孔 D 的轴线是 $\phi40h6$ 外圆表面的径向圆跳动和端面 B 的轴向圆跳动的设计基准。

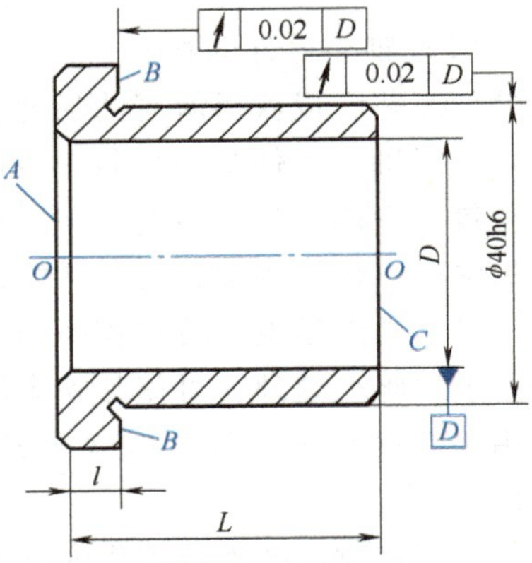

2. 工艺基准

工艺基准是指在机械加工工艺过程中用来确定被加工表面加工后的尺寸、形状、位置的基准，也是为了安装、加工、测量或装配方便而采用的基准。工艺基准可以分为工序基准、定位基准、测量基准和装配基准。

1）工序基准。工序基准是在工序图上用来确定本工序被加工表面加工后的尺寸、形状、位置的基准。如图 1-59 所示，C 面的位置由 L_1 确定，其设计基准是 B 面。但加工时，从工艺角度考虑，按尺寸 L_2 加工，则 L_2 为本工序的工序尺寸，A 面为 C 面的工序基准。

图 1-58 设计基准

2）定位基准。定位基准是在加工中用于确定工件在机床或夹具上位置的基准。如图 1-60 所示，阶梯轴用自定心卡盘装夹，则大端外圆的轴线为径向的定位基准，A 面为加工端面时保证轴向尺寸 B、C 的定位基准。

3）测量基准。测量基准是用于测量已加工表面的尺寸及各表面之间位置精度的基准。如图 1-61 所示，检验尺寸 h 时，B 为测量基准。

4）装配基准。装配基准是装配时用来确定零件或部件在机器中的相对位置所采用的基

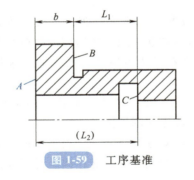

图 1-59 工序基准

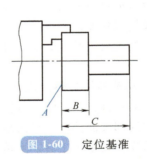

图 1-60 定位基准

准。例如带内孔的齿轮一般以内孔轴线及一个端面和轴及轴肩相配合接触来确定它在轴上的位置，齿轮内孔轴线及端面就是其装配基准。如图 1-62 所示钻套，ϕ40h6 外圆及端面 B 为装配基准。

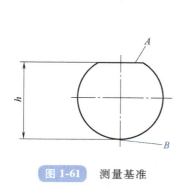

图 1-61　测量基准

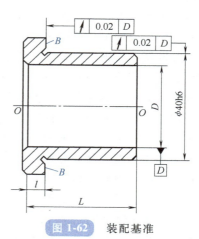

图 1-62　装配基准

在分析基准问题时，必须注意以下两点：

1）作为基准的点、线、面在工件上不一定具体存在，而是由某些具体的表面来体现，这些表面称为基面。例如，内孔的轴线是通过内孔表面来体现的，内孔轴线是基准，内孔表面是基面。因此，选择基准的问题就是选择恰当的基面的问题。有时为了叙述方便，可以将基准和基面统称为基准。

2）作为基准，可以是没有面积的点和线或很小的面，但代表这种基准的基面总是有一定面积的。例如，在车床上用顶尖安装一根长轴，基准是轴线，它没有面积，基面是顶尖的锥面，其面积很小但确有一定面积。

（三）定位基准的选择

工艺路线的拟订是制订工艺规程的关键，主要任务是选择各个表面加工时的定位基准、加工方法和加工方案，确定各个表面的加工顺序以及工序集中与分散的程度，合理选用机床的刀具，确定所用夹具的大致结构等。

定位基准分为粗基准和精基准。在加工的起始工序中，只能用毛坯上未加工的表面作为定位基准，这种定位基准称为粗基准。在随后的工序中，用加工过的表面作为定位基准的称为精基准。

在选择定位基准时，为了保证零件的加工精度，先是选择精基准，然后选择粗基准，粗基准通常是为加工精基准服务的。因此可根据精基准的加工要求选择粗基准。

1. 精基准的选择原则

精基准的选择应保证零件的加工精度，同时考虑装夹方便，夹具结构简单。选择时一般应遵循以下原则：

（1）基准重合原则　选择加工表面的设计基准（或工序基准）作为定位基准，称为基准重合原则。采用基准重合原则避免了产生基准不重合误差，零件的尺寸精度和位置精度可以直接得到保证。

（2）基准统一原则　在零件的加工过程中，应尽可能在多个工序中采用同一组基准定位，这就是基准统一原则。例如，轴类零件加工的大多数工序都以顶尖孔为定位基准；齿轮的齿坯和齿形加工多采用齿轮的内孔及基准端面为定位基准；箱体零件加工时大多以一组平面或一面两孔作为统一基准加工孔系和端面。

当零件上的加工表面很多时，可在工件上选一组精基准，或在工件上专门设计一组定位面，用它们定位来加工尽可能多的表面，这就遵循了基准统一原则。

采用基准统一原则时，若统一的基准为设计基准，又符合了基准重合原则，此时是最理想的定位方案。当统一的基准与设计基准不重合时，增加了基准不重合误差，加工精度虽然不如基准重合时那样容易保证，但在某些情况下，仍然比基准多次转换时的加工经济性好。

当采用基准统一原则无法保证加工表面的位置精度时，可以考虑先采用基准统一原则进行粗加工和半精加工，最后采用基准重合原则进行精加工来保证表面间的相互位置精度。这样既保证了加工精度，又充分地利用了基准统一原则的优点。

采用基准统一原则可较好地保证各加工面的位置精度，也可减小工装设计及制造的费用，提高生产率，并且可以避免基准转换所造成的误差。

（3）自为基准原则　某些精加工或光整加工工序要求加工余量小而均匀，加工时就以加工表面本身作为定位基准，称为自为基准原则。例如磨削床身的导轨面时，如图 1-63 所示，就是以导轨面本身作为定位基准，用浮动铰刀铰孔、浮动镗刀镗孔、圆拉刀拉孔、无心磨床磨外圆表面等均是以加工表面本身作为定位基准。

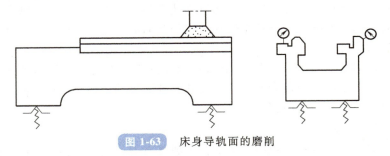

图 1-63　床身导轨面的磨削

（4）互为基准原则　为了使加工表面获得均匀的加工余量和较高的位置精度，可采用加工面间互为基准，反复加工，这就是互为基准原则。例如加工精密齿轮时，通常是齿面淬硬后再磨齿面及内孔，由于齿面磨削余量小，为了保证加工要求，采用图 1-64 所示装夹方式，先以齿面为基准磨内孔，再以内孔为基准磨齿面，这样不但使齿面磨削余量小而均匀，而且能较好地保证内孔与齿轮分度圆有较小的同轴度误差。

（5）便于装夹原则　所选精基准应能保证工件定位准确、稳定，夹紧方便可靠，夹具结构简单。

以上介绍的精基准的选择原则，每项原则只能说明一个方面的问题。理想的情况是基准既"重合"又"统一"，同时又能使定位稳定、可靠、操作方便，夹具结构简单。但实际运用中往往出现相互矛盾的情况，这就要求从技术和经济两方面进行综合分析及合理选择。

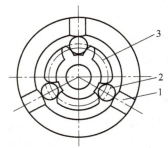

图 1-64　精密齿轮内孔的磨削

1—卡盘　2—滚柱　3—齿轮

为了使工件安装定位方便，有利于实现基准统一，便于加工，有时人为地制造一种基准面，这些表面在零件使用中并不起作用，仅在加工中起定位作用，如顶尖孔、工艺凸台等，这类基准称为辅助基准。

2. 粗基准的选择

粗基准的选择除保证为后续工序提供精基准外，还要考虑保证加工面与不加工面之间的位置要求和合理分配加工面的加工余量。选择时一般遵循下列原则：

（1）选择不加工面作为粗基准 对于同时有加工面与不加工面的工件，为了保证不加工面与加工面之间的位置要求，应选择不加工面作为粗基准。当工件有几个不加工面时，应选与加工面的相对位置要求高的不加工面为粗基准。

如图 1-65 所示，铸件毛坯孔 B 与外圆有偏心，若以不加工的外圆面 A 为粗基准加工孔，加工余量不均匀，但加工后的孔 B 与不加工的外圆面 A 同轴，加工后工件壁厚比较均匀，如图 1-65a 所示。若选择孔 B 作为粗基准进行加工，加工余量均匀，但加工后内孔与外圆不同轴，零件壁厚不均匀，如图 1-65b 所示。

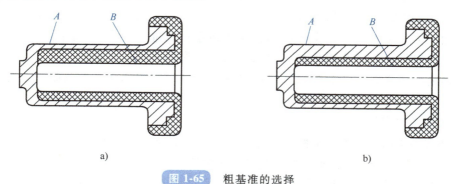

a)   b)

图 1-65 粗基准的选择

（2）合理分配加工余量 对于具有较多加工面的工件，选择粗基准时，应考虑合理分配各加工面的加工余量。在加工余量的分配上应注意以下几点：

1）保证各主要加工面都有足够的余量。为满足这个要求，应选择毛坯精度高、余量小的表面作为粗基准。如图 1-66 所示的阶梯轴毛坯，毛坯大小端的同轴度误差为 0~3mm，大端最小加工余量为 8mm，小端的最小加工余量为 5mm，若以加工余量大的大端为粗基准先车削小端，则小端可能会因加工余量不足而使工件报废；以加工余量小的小端为粗基准先车削大端，则大端的加工余量足够，经过加工的大端外圆与小端毛坯外圆基本同轴，再以经过加工的大端外圆为精基准车削小端，小端就有足够的加工余量。

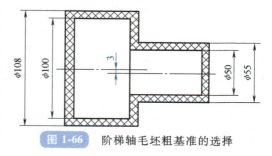

图 1-66 阶梯轴毛坯粗基准的选择

2）选择重要表面作为粗基准。对于工件上的某些重要表面，如导轨和重要孔等，为了使其加工余量均匀，一般应选择这些表面作为粗基准。如图 1-67 所示的车床床身，导轨表面是重要表面，要求耐磨性好，且在整个导轨表面内具有大体一致的力学性能。因此，加工时应选导轨表面作为粗基准加工床腿底面，如图 1-67a 所示，然后以床腿底面为基准加工导轨平面，如图 1-67b 所示。

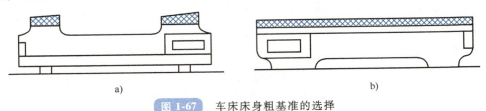

a)   b)

图 1-67　车床床身粗基准的选择

3）避免重复使用。在同一尺寸方向上，粗基准通常只使用一次，以避免产生较大的定位误差。如图 1-68 所示的小轴，如重复使用 B 面定位加工 A 面和 C 面，必然会使 A 面与 C 面之间产生较大的同轴度误差。

4）表面应平整。选择作为粗基准的表面应平整，没有浇口、冒口和飞边等缺陷，以便定位准确，夹紧可靠。

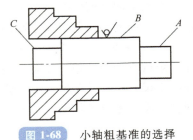

图 1-68　小轴粗基准的选择
A、C—加工面　B—毛坯面

（四）机械加工工艺过程的设计

机械加工工艺过程设计的主要内容，除选择定位基准外，还应包括选择各加工表面的加工方法、安排工序的先后顺序，确定工序的集中与分散程度，以及选择设备与工艺装备等，它是制订工艺规程的关键环节。

1. 表面加工方案的选择

（1）经济加工精度及表面粗糙度　在不同的加工条件下，各种加工方法得到的加工精度和表面粗糙度也不同。经济加工精度是指在正常的加工条件下所能保证的加工精度。经济加工精度的数值并不是一成不变的，随着科学技术的发展，工艺技术的改进，经济加工精度会逐步提高。

各种加工方法所能达到的经济加工精度、表面粗糙度以及表面形状、位置精度可查阅有关机械加工工艺手册。表 1-9、表 1-10、表 1-11 中分别摘录了外圆、内孔和平面等典型表面的加工方法以及所能达到的经济加工精度和表面粗糙度，供选用时参考。

表 1-9　外圆加工方案

序号	加工方法	经济加工精度	表面粗糙度值 $Ra/\mu m$	适用范围
1	粗车	IT13～IT11	50～12.5	适用于淬火钢以外的各种金属
2	粗车→半精车	IT10～IT8	6.3～3.2	
3	粗车→半精车→精车	IT8～IT7	1.6～0.8	
4	粗车→半精车→精车→滚压（或抛光）	IT8～IT7	0.2～0.025	
5	粗车→半精车→磨削	IT8～IT7	0.8～0.4	主要用于淬火钢，也可用于未淬火钢，但不宜加工有色金属
6	粗车→半精车→粗磨→精磨	IT7～IT6	0.4～0.1	
7	粗车→半精车→粗磨→精磨→超精加工（或轮式超精磨）	IT5 以上	0.1～0.012	
8	粗车→半精车→精车→精细车（金刚车）	IT7～IT6	0.4～0.025	主要用于精度要求较高的有色金属加工

（续）

序号	加工方法	经济加工精度	表面粗糙度值 $Ra/\mu m$	适用范围
9	粗车→半精车→粗磨→精磨→超精磨（或镜面磨）	IT5 以上	<0.025	极高精度的外圆加工
10	粗车→半精车→粗磨→精磨→研磨	IT5 以上	0.1	
11	粗车→半精车→粗磨→精磨→粗研→抛光	IT5 以上	<0.4	

表 1-10　内孔加工方案

序号	加工方法	经济加工精度	表面粗糙度值 $Ra/\mu m$	适用范围
1	钻	IT13~IT11	≥12.5	加工未淬火钢及铸铁的实心毛坯，也可用于加工有色金属，孔径小于 15~20mm
2	钻→扩	IT11~IT10	12.5~6.3	
3	钻→扩→铰	IT9~IT8	3.2~1.6	
4	钻→扩→粗铰→精铰	IT7	1.6~0.8	
5	钻→铰	IT10~IT8	6.3~1.6	
6	钻→粗铰→精铰	IT8~IT7	1.6~0.8	
7	钻→扩→机铰→手铰	IT7~IT6	0.4~0.2	
8	钻→扩→拉	IT9~IT7	1.6~0.1	大批量生产（精度由拉刀的精度确定）
9	粗镗（或扩孔）	IT13~IT11	12.5~6.3	除淬火钢外各种材料，毛坯有铸出孔或锻出孔
10	粗镗（粗扩）→半精镗（精扩）	IT10~IT9	3.2~1.6	
11	粗镗（粗扩）→半精镗（精扩）→精镗（铰）	IT8~IT7	1.6~0.8	
12	粗镗（粗扩）→半精镗（精扩）→精镗→浮动镗刀精镗	IT7~IT6	0.8~0.4	
13	粗镗（扩）→半精镗→磨孔	IT8~IT7	0.8~0.2	主要用于淬火钢，也可用于未淬钢，但不宜用于有色金属
14	粗镗（扩）→半精镗→粗磨→精磨	IT7~IT6	0.2~0.1	
15	粗镗→半精镗→精镗→精细镗（金刚镗）	IT7~IT6	0.4~0.05	主要用于精度要求高的有色金属
16	①钻→（扩）→粗铰→精铰→珩磨 ②钻→（扩）→拉→珩磨 ③粗镗→半精镗→精镗→珩磨	IT7~IT6	0.2~0.025	精度要求很高的孔。若以研磨代替珩磨，精度可达 IT6 以上，表面粗糙度可达 $Ra0.006~0.1\mu m$
17	以研磨代替上述方法中的珩磨	IT6~IT5	0.1~0.006	

表 1-11　平面加工方案

序号	加工方法	经济加工精度	表面粗糙度值 $Ra/\mu m$	适用范围
1	粗车	IT13~IT11	50~12.5	工件端面加工
2	粗车→半精车	IT10~IT8	6.3~3.2	
3	粗车→半精车→精车	IT8~IT7	1.6~0.8	
4	粗车→半精车→磨削	IT8~IT6	0.8~0.2	

（续）

序号	加工方法	经济加工精度	表面粗糙度值 $Ra/\mu m$	适用范围
5	粗铣（或粗刨）	IT13～IT11	50～12.5	一般不淬硬平面（端铣表面粗糙度 Ra 值较小）
6	粗铣（或粗刨）→精铣（或精刨）	IT10～IT8	6.3～1.6	
7	粗铣（或粗刨）→精铣（或精刨）→刮研	IT7～IT6	0.8～0.1	精度要求较高的未淬硬平面，批量较大时宜采用宽刃精刨方案
8	粗铣（或粗刨）→精铣（或精刨）→刮研→宽刃精刨	IT7	0.8～0.2	
9	粗铣（或粗刨）→精铣（或精刨）→磨削	IT7	0.8～0.2	精度要求高的淬硬平面或不淬硬平面，不适用于有色金属加工
10	粗铣（或粗刨）→精铣（或精刨）→粗磨→精磨	IT7～IT6	0.4～0.01	
11	粗铣→拉	IT9～IT7	0.8～0.2	大量生产，较小的平面（精度视拉刀精度而定）
12	粗铣→精铣→磨削→研磨	IT5 以上	0.1～0.006	高精度要求的钢件加工
13	粗铣→精铣→磨削→镜面磨	IT5 以上	0.1～0.006	

（2）表面加工方案选择时考虑的因素　选择表面加工方案，一般是根据经验或查表来确定，再结合实际情况或工艺试验进行修改。表面加工方案的选择应同时满足加工质量、生产率和经济性等方面的要求，具体选择时应考虑以下几方面的因素：

1）选择能获得相应经济精度的加工方法。例如加工精度为 IT7、表面粗糙度为 $Ra0.4\mu m$ 的外圆柱面，通过精细车削可以达到要求，但不如磨削经济。

2）工件材料的可加工性能。例如钢件淬火后的精加工应采用磨削方法加工，不能采用车削或镗削。对于有色金属圆柱面的精加工，为避免磨削时堵塞砂轮，则要采用高速精细车或精细镗（金刚镗）。

3）工件的结构形状和尺寸大小。例如对于加工精度要求为 IT7 的孔，采用镗削、铰削、拉削和磨削均可达到要求。但箱体上的孔，一般选择镗孔（大孔）或铰孔（小孔）的方法加工，不选用拉孔或磨孔的方法。

4）生产类型。大批量生产时，应采用高效率的先进工艺，例如用拉削方法加工孔和平面，用组合铣削或磨削同时加工几个表面。对于复杂的表面，采用数控机床及加工中心等单件小批生产时，宜采用铣削平面和钻、扩、铰孔等加工方法，避免盲目地采用高效加工方法和专用设备而造成经济损失。

5）现有生产条件。充分利用现有设备和工艺手段，发挥工人的创造性，挖掘企业潜力，创造好的经济效益。

2. 加工阶段的划分及其原因

（1）加工阶段的划分　零件的加工质量要求较高时，都应划分加工阶段。一般划分为粗加工、半精加工和精加工三个阶段。如果零件要求的精度特别高，表面粗糙度值很小时，还应增加光整加工和超精密加工阶段。

1）粗加工阶段。主要任务是切除毛坯上各加工表面的大部分加工余量，使毛坯在形状和尺寸上接近零件成品。因此应采取措施尽可能提高生产率，同时为半精加工阶段提供精基准，并留有充分、均匀的加工余量，为后续工序创造有利条件。

2）半精加工阶段。为主要表面的精加工做准备，加工表面达到一定的精度要求，并保证留有一定的加工余量，同时完成一些次要表面的加工，如紧固孔的钻削、攻螺纹、铣键槽等。

3）精加工阶段。主要任务是保证零件各主要表面达到图样规定的技术要求。

4）光整加工阶段。对尺寸精度要求很高（IT6 以上）、表面粗糙度值要求很小（$Ra \leqslant 0.2\mu m$）的零件，需安排光整加工阶段。其主要任务是进一步提高尺寸精度和形状精度，减小表面粗糙度值，但位置精度则由前面的工序保证。

（2）划分加工阶段的原因

1）保证加工质量。零件在粗加工时切除的加工余量较大，会产生较大的切削力和较多的切削热，同时也需要较大的夹紧力，在这些力和热的作用下，零件会产生较大的变形。另外，经过粗加工后零件的内应力要重新分布，也会使零件发生变形。如果不划分加工阶段，连续进行粗、精加工，就无法避免和消除上述原因所引起的加工误差。加工阶段划分后，粗加工造成的误差，通过半精加工和精加工可以得到逐步纠正，并逐步提高零件的加工精度和表面质量，保证了零件的加工质量要求。

2）合理使用机床设备。粗加工阶段一般使用功率大、刚性好、精度不高的机床设备进行加工，精加工阶段需采用精度高的机床设备，以保证零件加工质量。划分加工阶段就可以充分发挥粗、精加工设备的特点，做到合理使用设备。这样不但提高了粗加工的生产率，而且也有利于保持精加工设备的精度和使用寿命。

3）及时发现毛坯缺陷。毛坯上的各种缺陷，如气孔、砂眼、夹渣或加工余量不足等，在粗加工后即可被发现，便于及时修补或决定是否报废，避免造成后续工序工时和加工费用的浪费。

4）便于安排热处理。实际生产中，常以热处理作为划分加工阶段的界线，如精密主轴在粗加工后，进行去除应力的人工时效处理，半精加工后进行淬火等。划分加工阶段后，就可方便地在各个加工阶段之间安排必要的热处理工序。

在拟订零件加工工艺路线时，一般应遵守划分加工阶段这一原则，但具体应用时应根据具体情况灵活处理。例如，对于精度和表面质量要求较低而工件刚性足够、毛坯精度较高、加工余量小的工件，可不划分加工阶段。又如，对于一些刚性好的重型零件，由于装夹吊运很费时，往往不划分加工阶段，而在一次安装中完成粗、精加工。

划分成几个加工阶段是对零件整个加工过程而言，不能仅仅从某一表面的加工或某一工序的性质来判断。例如，工件的定位基准，在半精加工阶段甚至在粗加工阶段就需要加工得很精确，某些钻小孔之类的粗加工工序，常安排在精加工阶段。各加工阶段能够达到的尺寸精度和表面粗糙度，以及各加工阶段的主要任务见表 1-12。

表 1-12　加工阶段的尺寸精度和表面粗糙度

加工阶段	尺寸精度	表面粗糙度值 $Ra/\mu m$	主要任务
粗加工	IT11～IT13	12.5～50	切除毛坯上各加工表面的大部分余量,使毛坯在形状和尺寸上接近零件成品

（续）

加工阶段	尺寸精度	表面粗糙度值 $Ra/\mu m$	主要任务
半精加工	IT8～IT10	3.2～6.3	达到一定的精度要求，并保留一定的加工余量，为主要表面的精加工做准备，同时完成一些次要表面的加工
精加工	IT7～IT8	0.4～1.6	保证零件各主要表面达到图样规定的技术要求
精密加工	IT5～IT6	0.1～0.4	减小表面粗糙度值或进一步提高尺寸精度和形状精度
超精密加工	IT3～IT5	<0.1	达到零件相关高精度要求

3. 加工顺序的安排

复杂零件的机械加工工艺路线中要经过切削加工、热处理和辅助工序，拟订工艺路线时要合理安排加工顺序，结合三者统筹考虑。

（1）机械加工工序安排的基本原则　工序集中与工序分散，是拟订工艺路线时确定工序数目（或工序内容多少）的两种不同的原则。

1）工序集中。工序集中是指多工步集中在一道工序中完成，可减少工件在加工过程中的安装次数，紧缩辅助时间，保证加工的几个表面的相互位置精度，可利用高生产率的机床和专用工艺装备，减少机床和夹具的数量，减少操作人员的数量和生产面积。工艺路线短，可简化生产计划和组织工作。但工序集中的生产准备工作量大。

2）工序分散。工序分散与工序集中相反，它简化了每一道工序的内容而增加了工序的数目，因此工艺路线长。

工序集中与工序分散各有利弊，应根据生产类型、现有生产条件、工件的结构特点和技术要求等进行综合分析后选用。

（2）切削加工工序的安排　切削加工工序的安排应遵循以下原则：

1）基准先行。作为精基准的表面，应安排在起始工序先加工，以便为后续工序提供精基准。例如，轴类零件先加工两端中心孔，然后再以中心孔作为精基准，粗、精加工所有外圆表面。

2）先粗后精。精基准加工完成以后，各个表面先进行粗加工，相继为半精加工、精加工及光整加工，逐步提高工件的加工精度与表面质量。同一个表面，按照粗加工→半精加工→精加工的次序安排。

3）先主后次。工件的主要表面应先安排加工，再把次要表面的加工工序插入其中。次要表面一般指键槽、螺孔、销孔等表面，这些表面一般都与主要表面有一定的相对位置要求，应以主要表面作为基准进行次要表面加工，所以次要表面的加工一般安排在主要表面的半精加工以后、精加工以前一次加工完毕。对于精度相近的表面，先安排配合面、安装面等主要表面，后安排其他表面。

4）先面后孔。对于箱体、底座、支架等工件，平面的轮廓尺寸较大，用平面作为精基准加工孔，比较稳定可靠，也容易加工，有利于保证较高的配合精度要求。即先加工平面，后加工内孔。

（3）热处理工序的安排　热处理可提高材料的力学性能，改善工件材料的加工性能和消除内应力，其安排主要取决于工件的材料和热处理的目的。常用的热处理工艺主要包括以下几项：

1）预备热处理。预备热处理的目的在于改善金属的切削加工性能，应安排在切削加工工序的前面。如退火、正火一般安排在获得毛坯以后、粗加工以前。

2）调质处理。即淬火加高温回火，能获得均匀细致的索氏体组织，为以后表面淬火和渗氮做组织准备。调质处理的目的在于获得具有良好综合力学性能的回火索氏体组织，常安排在粗加工之后、半精加工之前。

3）最终热处理。最终热处理主要指淬火及回火、表面淬火、渗碳、渗氮等。其目的在于提高零件的强度、硬度和耐磨性。通常安排在半精加工之后、磨削加工之前。热处理后的变形和表面氧化层，可在磨削加工中去除。

4）时效处理。时效处理的目的在于消除工件的内应力。尺寸较大的铸件和形状复杂的锻件必须在粗加工、半精加工和精加工之前各安排一次时效；一般铸件至少在粗加工之前或粗加工之后安排一次时效。

（4）辅助工序的安排　辅助工序是指不直接加工也不改变工件尺寸和性能的工序，包括去毛刺、清洗、防锈、去磁、检验等工序。辅助工序也是必要的工序，若安排不当或遗漏，将会给后续工序和装配带来困难，影响产品质量。

1）检验工序。检验工序对保证质量、防止产生废品起到重要作用，除各工序安排自检外，需要在下列场合单独安排检验工序。

① 粗加工阶段结束后。

② 重要加工工序前后。

③ 送外车间加工的前后。

④ 所有加工工序完工之后。

有些特殊的检验，如用于检验工件内部质量的超声检测、X 射线检测，一般安排在切削加工开始阶段进行。用于检验工件表面质量的磁力检测、荧光检测通常安排在精加工阶段进行。

2）去毛刺和清洗工序。毛刺对机器装配质量影响很大，切削加工之后，应安排去毛刺工序。装配之前，一般都安排清洗工序。工件内孔、箱体内腔容易存留切屑，研磨、珩磨等光整加工工序之后，微小磨粒易附着在工件表面上，也需要清洗。

3）特殊需要的工序安排在用磁力夹紧工件的工序之后。例如，在平面磨床上用电磁吸盘夹紧工件，加工后要安排去磁工序，不让带有剩磁的工件进入装配线。平衡试验、检查渗漏等工序应安排在精加工之后进行。其他特殊要求应根据设计图样上的规定，安排在相应的位置。

4. 机床设备与工艺装备的选择

（1）机床设备的选择　确定了工序集中或工序分散的原则后，基本上也就确定了设备的类型。如采用机械集中，则选用高效自动加工的设备，多刀、多轴机床；若采用组织集中，则选用通用设备；若采用工序分散，则加工设备可较简单。此外，选择机床设备还应考虑以下几个方面：

1）机床的主要规格尺寸应与工件的外形轮廓尺寸相适应。

2）机床的精度应与工序要求的加工精度相适应。

3）机床的生产率应与工件的生产类型相适应，尽量利用工厂现有的机床设备。

（2）工艺装备的选择　机械加工中的工艺装备是指零件制造过程中所用的各种工具的

总称，包括夹具、刀具、量具和其他辅助工具。工艺装备选用是否合理，将直接影响工件的加工精度、生产率和经济性，应根据工件的生产类型、具体加工条件、工件的结构特点和技术要求等选择工艺装备。

1）夹具的选择。所用夹具应与生产类型相适应。单件小批生产时，应优先选择通用夹具和机床附件，如各种通用卡盘、平口虎钳、分度头、回转工作台等，也可使用组合夹具。中批生产时，可以选用通用夹具、专用夹具、可调夹具、组合夹具。大批量生产时，应尽量使用高生产率的专用夹具，如气动、液动、电动夹具。此外，夹具的精度应能满足加工精度的要求。

2）刀具、辅具的选择。一般应优先选用标准刀具，必要时也可选用复合刀具和专用刀具。所用刀具的类型、规格和精度应能满足加工要求。机床辅具是用以连接刀具与机床的工具，如刀柄、接杆、夹头等。一般要根据刀具和机床的结构选择辅具，尽量选择标准辅具。

3）量具的选择。单件小批生产时，应广泛采用通用量具，如游标卡尺、百分表和千分尺等。大批大量生产时，应采用极限量块和高效的专用检验夹具及量仪，量具的精度必须与加工精度相适应。

三、实施过程

1. 实施环境和条件

实训车间、理实一体化教学车间，零件图，多媒体课件，必要的参考资料。

2. 实施要求

1）3人一组，以组为单位，读懂车床传动轴的装配图，并且分析传动轴的结构和相关技术要求。

2）以组为单位，讨论并分析车床传动轴的机械加工工艺过程。

3）每组汇报，完成传动轴的机械加工工艺过程卡。

3. 实施步骤

通过对CA6140车床传动轴零件进行工艺分析，按下述步骤制订传动轴零件的工艺过程卡，具体步骤如下：

（1）分析传动轴零件图　图1-57所示车床传动轴主要由外圆表面和键槽组成，其中精度要求较高的表面有三处：ϕ30js6外圆两处、表面粗糙度为$Ra0.8\mu m$；ϕ24g6外圆一处，表面粗糙度为$Ra1.6\mu m$。其加工的关键表面如图1-69所示，几何精度要求分别是：

1）与轴承配合的外圆面ϕ30js6对另一个与轴承配合的外圆面轴线的径向圆跳动公差为0.01mm。

2）ϕ24g6外圆面相对于ϕ30js6轴线的径向圆跳动公差为0.02mm。

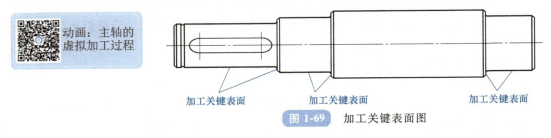

动画：主轴的虚拟加工过程

加工关键表面　　加工关键表面　　加工关键表面

图1-69　加工关键表面图

关键加工表面：$\phi30js6$、$\phi24g6$ 轴颈及轴肩两端面。

次要加工表面：其他表面。

其他要求为：①调质处理 220～250HBW；②材料为 45 钢。

（2）计算零件年生产纲领，确定生产类型　根据任务已知：产品的生产纲领 $Q=200$ 台/年；传动轴的数量 $n=1$ 件/台；传动轴的备品百分率 $a=5\%$；传动轴的废品百分率 $b=0.5\%$。

1）传动轴的生产纲领计算如下：

$$N=Qn(1+a)(1+b)=200\times1\times(1+5\%)\times(1+0.5\%)\text{件/年}=212\text{件/年}$$

2）确定传动轴的生产类型及工艺特征。传动轴属于中型机械类零件。根据生产纲领（212 件/年）及零件类型（中型机械），由表 1-2 可查出，传动轴的生产类型为中批生产。传动轴的生产纲领和生产类型见表 1-13。

（3）选择毛坯　根据传动轴的制造材料（45 钢），考虑到材料的力学性能要求及热处理要求，且该传动轴零件各段直径相差不大，其最佳方案可采用圆棒料或锻件，现选用锻件；毛坯采用自由锻。调质处理安排在粗车以后、半精车之前进行，以获得良好的力学性能。

表 1-13　传动轴的生产纲领和生产类型

名称	结　果
生产纲领	212 件/年
生产类型	中批生产
工艺特征	1）毛坯采用自由锻，精度低，余量大 2）加工设备采用通用机床 3）工艺装备采用通用夹具或组合夹具、通用刀具、通用量具、标准附件 4）工艺文件需编制简单的加工工艺过程卡 5）加工采用划线、试切等方法保证尺寸，生产率低，要求操作工人技术熟练

（4）选择传动轴的精基准和夹紧方案　根据基准重合原则，考虑选择传动轴的轴线作为定位精基准是最理想的，即采用两端中心孔作为精基准，如图 1-70 所示。

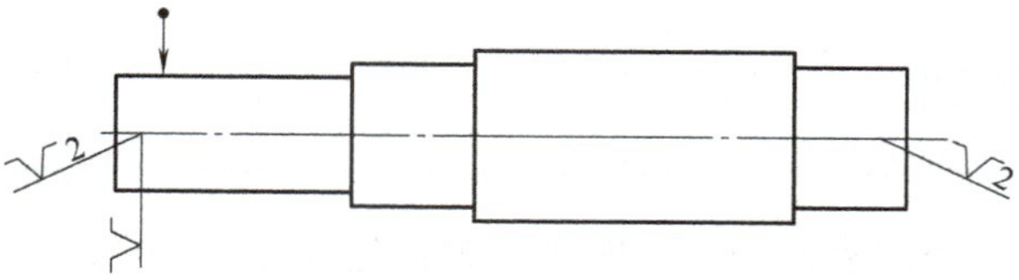

图 1-70　传动轴的定位精基准

（5）选择加工装备　根据传动轴的工艺特性，加工设备采用通用机床，即普通车床、立式铣床、万能磨床。工艺装备采用通用夹具（自定心卡盘及顶尖）、通用刀具（标准车刀、键槽铣刀、砂轮等）、通用量具（游标卡尺、外径千分尺等）。传动轴的基准及其加工装备见表 1-14。

表 1-14　传动轴的基准选择结果及加工装备

名称	结　果
精基准	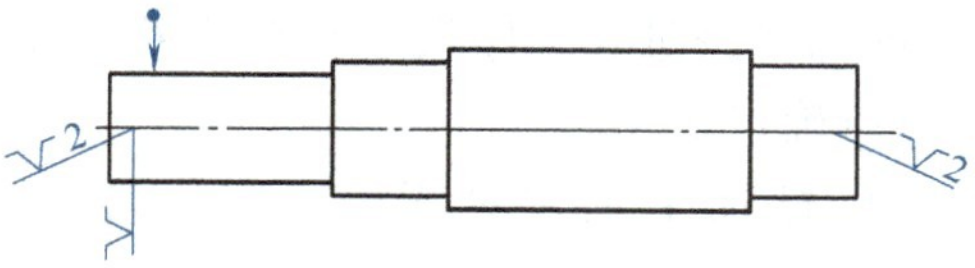

（续）

名称	结　果
粗基准	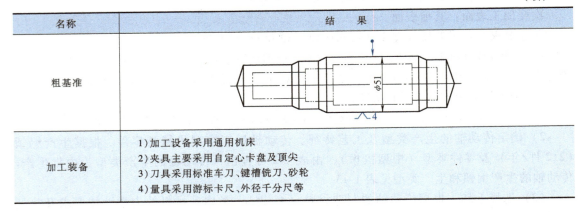
加工装备	1）加工设备采用通用机床 2）夹具主要采用自定心卡盘及顶尖 3）刀具采用标准车刀、键槽铣刀、砂轮 4）量具采用游标卡尺、外径千分尺等

（6）拟订传动轴机械加工工艺路线

1）确定各表面的加工方法。分析车床传动轴的零件图，该零件为回转体轴类零件，三处精度要求较高的表面粗糙度为 $Ra1.6\mu m$ 以上，尺寸公差等级为 IT6，一般采用磨削加工就可达到相应的技术要求，其他精度要求较低的回转面采用半精车可满足加工要求。主要表面的加工可划分为粗加工、半精加工、精加工三个阶段。各表面的加工方法的选择见表 1-15。

表 1-15　选择各表面的加工方法

加工表面	精度要求	表面粗糙度 $Ra/\mu m$	加工方案
$\phi30js6$ 外圆 轴肩及圆角	IT6 IT11 以上	0.8 1.6	粗车→半精车→精车→粗磨→精磨
$\phi24g6$ 外圆 轴肩及圆角	IT6 IT11 以上	1.6 3.2	粗车→半精车→精车→粗磨→精磨
键槽 8N9 侧面 底面	IT9 IT11 以上	3.2 6.3	粗铣→精铣
挡圈槽 22.9mm×1.3mm	IT11 以上	12.5	粗车
各倒角	IT11 以上	12.5	粗车

外圆表面的加工顺序应为：先加工大直径外圆，然后再加工小直径外圆，以防一开始就降低工件的刚度。

键槽加工一般都安排在外圆精车或粗磨之后、精磨之前进行。如果安排在精车之前铣键槽，在精车时由于断续切削而产生振动，既影响加工质量，又容易损坏刀具。另一方面，键槽加工安排在外圆精车或粗磨前，其尺寸也较易控制，如果安排在主要表面的精磨之后，则会破坏主要表面的已有的精度。

2）安排加工顺序。根据机械加工的安排原则，先安排基准和主要表面的粗加工，然后再安排基准和主要表面的精加工。

3）确定各工序的加工余量和工序尺寸及其公差。各工序的加工余量和工序尺寸及其公差可依据切削加工手册确定。

4）填写传动轴机械加工工艺过程卡。车床传动轴零件的机械加工工艺过程卡见表 1-16。

表 1-16　传动轴的机械加工工艺过程卡

工序	工序名称	工序内容	定位基准	加工设备
1	锻造	锻造毛坯		
2	热处理	正火处理		
3	车、钻	分别车两端面、钻两端 A6.3 中心孔，总长车至 140mm	毛坯 φ51mm 外圆	CA6140
4	粗车	分别粗车左、右端各外圆及轴肩端面，φ37mm 外圆车至尺寸，φ30mm、φ24mm 外圆和轴肩端面均留余量	两中心孔	CA6140
5	热处理	调质处理		
6	研修	研修中心孔		CA6140
7	半精车	分别半精车左、右端各外圆及轴肩端面，均留磨削余量	两中心孔	CA6140
8	铣削	铣键槽，去毛刺	两中心孔	X5032
9	磨削	粗、精磨左、右端 φ30js6、φ24g6 外圆及轴肩端面、圆角至尺寸	两中心孔	M131W
10	车削	车左端槽 φ22.9mm×1.3mm 至尺寸，去毛刺	两中心孔	
11	终检	按图样技术要求全部检验		

四、考核评价（表 1-17）

表 1-17　考核评价表（任务 1）

序号	评分项目	评分标准	分值	检测结果	得分
1	分析传动轴零件图	1）写出传动轴零件的技术要求 2）该零件与其他零件的相互配合关系 3）零件各加工面的精度要求	20		
2	传动轴零件的加工过程	1）加工设备、刀具、夹具、量具的选择 2）零件加工顺序的安排	30		
3	编制传动轴零件的机械加工工序过程卡	1）画出加工过程中各工序的简图 2）每 3 人一组，按企业标准上交机械加工工序过程卡	50		

任务 2　车床传动轴零件加工精度的分析

一、任务引入

　　车床传动轴零件在完成所有工序后，应当按设计图样对相关尺寸和其他技术要求进行及时的检测。此外，轴类零件除了要满足尺寸精度和表面粗糙度要求外，还有较高的形状精度和位置精度要求，因此了解影响传动轴质量的各种因素，进而找出解决对策是保障加工质量的重要因素。

影响传动轴加工质量的因素很多，首先要了解产生各种质量问题的原因，本任务重点了解和熟悉影响加工精度的因素——原始误差，即各类原始误差对加工精度的影响和相应的工艺措施。

切削表面质量与机械加工精度

二、相关知识

（一）机械加工精度

机械加工质量主要包括加工精度和表面质量两个方面。研究机械加工质量的目的就是要分析影响加工质量的各种因素及其存在的规律，从而找出减小加工误差和提高加工质量的合理措施。

1. 机械加工精度概述

加工精度是指零件加工后的实际几何参数（尺寸、形状及各表面相互位置等参数）与理想几何参数的符合程度。符合程度越高，加工精度就越高。零件加工后的实际几何参数与理想几何参数之间的偏差称为加工误差，加工误差越小，加工精度就越高，因此可以通过分析加工误差来研究加工精度。工件的加工精度主要包括尺寸精度、形状精度和相互位置精度三个方面。

理想几何参数包括：①表面——绝对平面、圆柱面等；②位置——绝对平行、垂直、同轴等；③尺寸——位于公差带中心。

1）尺寸精度。尺寸精度是指加工表面本身的尺寸（如圆柱面的直径）和表面间的尺寸（如孔间距离等）的精确程度。用尺寸公差大小表示。

尺寸精度常用游标卡尺、百分尺等来检验。若测得尺寸在最大极限尺寸与最小极限尺寸之间，零件合格。对于外圆柱面来讲，若测得尺寸大于最大实体尺寸，零件不合格，需进一步加工；若测得尺寸小于最小实体尺寸，零件报废。

2）形状精度。形状精度是指零件加工后的表面与理想表面在形状上的接近程度。如平面度、直线度、圆度、圆柱度。形状精度通常用直尺、百分表、轮廓测量仪等来检验。

3）位置精度。位置精度是指零件加工后的表面、轴线或对称平面之间的实际位置与理想位置接近的程度。如平行度、垂直度、同轴度、对称度。

2. 影响加工精度的因素

在机械加工中，零件的尺寸、形状和表面间相互位置的形成，取决于工件和刀具在切削运动过程中的相互位置关系，而工件和刀具又安装在夹具及机床上。因此，在机械加工中，机床、夹具、刀具和工件就构成一个完整的系统，即工艺系统。加工精度问题涉及整个工艺系统的精度问题，而工艺系统中的种种误差在不同的条件下，以不同的程度反映为工件的加工误差。工艺系统中的误差是产生零件加工误差的根源，因此工艺系统的误差统称为原始误差，如图1-71所示。

研究各种原始误差的物理实质是掌握其变化的基本规律，保证和提高零件加工精度的基础。采用近似的加工方法会带来各种误差，例如，用尖车刀车外圆，也不是光滑的圆柱面，而是一个螺旋面。利用近似的刀具轮廓也会带来误差，例如用模数铣刀铣齿轮，由于铣刀的成形面不是纯粹的渐开线，模数相同而齿数不同的渐开线齿轮齿形也是不同的，一把铣刀铣一组齿数的齿轮，也存在原理误差。

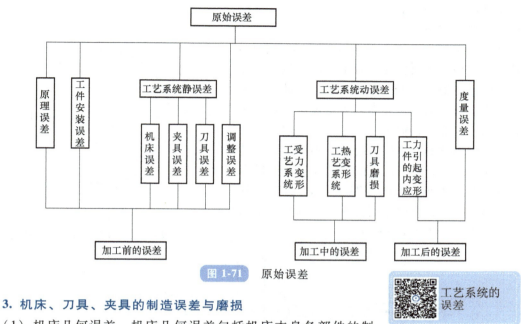

图 1-71　原始误差

3. 机床、刀具、夹具的制造误差与磨损

工艺系统的误差

（1）机床几何误差　机床几何误差包括机床本身各部件的制造误差、安装误差和使用过程中的磨损。其中以机床本身的制造误差影响最大。下面将机床主要项目的制造误差分述如下：

1）主轴回转误差。机床主轴是工件或刀具的位置基准和运动基准，它的误差直接影响工件的加工精度。对主轴的精度要求，最主要的就是在运转时能保持轴线在空间的位置稳定不变，即回转精度。

实际的加工过程表明，主轴回转轴线的空间位置，在每一个瞬间都是变动着的，即存在着运动误差。主轴回转轴线运动误差表现为图 1-72 所示的三种形式：纯径向圆跳动误差、轴向窜动误差、纯角度摆动误差。

提高主轴回转精度的措施：提高主轴部件的制造精度；对滚动轴承进行预紧，以消除间隙，使主轴的回转精度不依赖于主轴。

① 主轴径向圆跳动对加工精度的影响。主轴回转中心在 x 方向上做简谐直线运动，其频率与主轴转速相同，幅值为 A，则刀尖运动轨迹接近于正圆，如图 1-73 所示。

② 主轴轴向窜动对加工精度的影响。主轴的纯轴向窜动对内、外圆加工没有影响，但所加工的端面却与内外圆轴线不垂直。主轴每转一周，就要沿轴向窜动一次，向前窜动的半周中形成右螺旋面，向后窜动的半周中形成左螺旋面，最后切出如同端面凸轮一样的形状，并在端面中心附近出现一个凸台。当加工螺纹时，则会产生单个螺距内的周期误差。

③ 主轴倾角摆动对加工精度的影响。主轴的纯角度摆动也因加工方法而异。车外圆时，

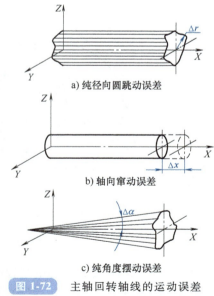

a) 纯径向圆跳动误差

b) 轴向窜动误差

c) 纯角度摆动误差

图 1-72　主轴回转轴线的运动误差

会产生圆柱度误差（锥体）；镗孔时，孔将呈椭圆形，如图1-74所示。

④ 轴承误差的影响。主轴采用滑动轴承时，主轴轴颈在轴承孔内旋转。对于车床类机床，加工过程中，主轴的受力方向是一定的，即主轴轴颈被切削力压向轴承孔表面的固定地方，这时主轴轴颈的不同部位和轴承孔内的某一固定部位相接触，所以轴颈的圆度误差会使主轴回转产生纯径向圆跳动误差，而轴承孔的形状误差对主轴回转精度的影响很小，如图1-75a所示。镗床主轴的受力随镗刀旋转方向不断变化，受轴承孔形状误差影响大，如图1-75b所示。

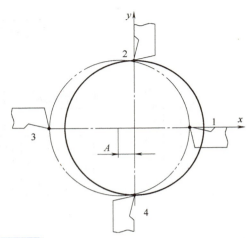

图 1-73　主轴径向圆跳动对外圆加工精度的影响

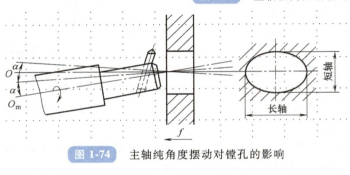

图 1-74　主轴纯角度摆动对镗孔的影响

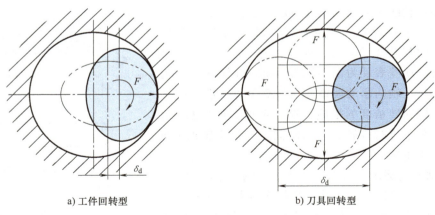

a) 工件回转型　　　　　　　　　　b) 刀具回转型

图 1-75　主轴采用滑动轴承的径向圆跳动误差

滚动轴承结构复杂，影响主轴精度的因素也较复杂，如图1-76所示。

2）机床导轨导向误差。导轨是确定主要部件相对位置的基准，也是运动基准，其各项误差直接影响被加工工件的精度。导轨导向精度是指机床导轨副运动件实际运动方向与理想运动方向的符合程度，这两者之间的偏差值称为导向误差。对导轨的精度要求主要有：在水平面内的直线度、在垂直面内的直线度、前后导轨的平行度（扭曲）。

① 导轨在水平面内的直线度误差 Δy（以卧式车床为例），如图1-77所示。

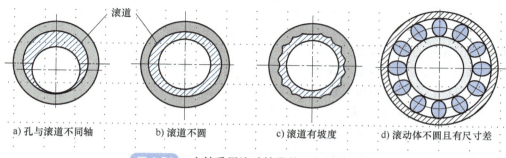

a) 孔与滚道不同轴   b) 滚道不圆   c) 滚道有坡度   d) 滚动体不圆且有尺寸差

图 1-76 主轴采用滚动轴承的径向圆跳动误差

Δy 将直接反映在工件加工表面法线方向（误差敏感方向）上，误差 $\Delta R = \Delta y$，对加工精度影响最大。刀尖在水平面内的运动轨迹造成工件轴向形状误差。

② 在垂直平面内的直线度误差 Δz。Δz 对工件尺寸和形状误差的影响比 Δy 小得多，如图 1-78 所示。

图 1-77 导轨在水平面内的直线度误差

对于卧式车床，$\Delta R \approx (\Delta z)^2 / D$，若设 $\Delta z = 0.1\text{mm}$，$D = 40\text{mm}$，则 $\Delta R = 0.00025\text{mm}$，影响可忽略不计。而对于平面磨床、龙门刨床，误差将直接反映在工件上。

③ 前后导轨的平行度误差。当前后导轨不平行时，刀架运动时会产生摆动，刀尖的运动轨迹是一条空间曲线，使工件产生形状误差，如图 1-79 所示。

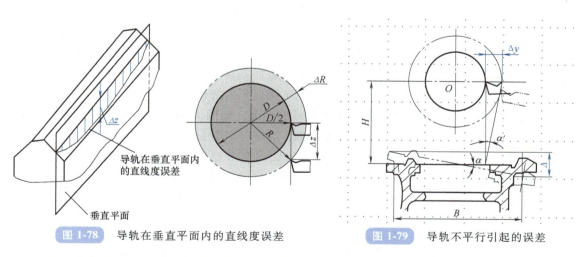

图 1-78 导轨在垂直平面内的直线度误差

图 1-79 导轨不平行引起的误差

（2）刀具误差 刀具的制造误差对加工精度的影响，根据刀具的种类不同而异。一般刀具（如普通车刀、单刃镗刀和面铣刀等）的制造误差，对加工精度没有直接影响。定尺寸刀具（如钻头、铰刀、拉刀等）的尺寸误差直接影响加工工件的尺寸精度。刀具在安装使用中不当将产生跳动，也将影响加工形状精度。成形刀具（如成形车刀、成形铣刀及齿轮刀具等）的制造误差和磨损，主要影响被加工表面的形状精度。展成刀具（如齿轮滚刀、花键滚刀、插齿刀等）的切削刃形状必须是加工表面的共轭曲线，因此，切削刃的形状误差会影响加工表面的形状精度。

（3）夹具的几何误差与装夹误差　夹具误差影响加工位置精度。与夹具有关的影响位置误差因素包括：定位误差和夹紧误差、制造误差、装配后的相对尺寸误差、磨损。

1）制造误差。夹具的制造误差指定位元件、导向元件及夹具体等零件的制造和装配误差。这些误差直接影响工件加工表面的位置精度或尺寸精度。所以在设计和制造夹具时，凡影响工件加工精度的尺寸和位置误差都应严格控制。

2）磨损误差。工艺系统中机床、夹具、刀具及量具虽然都会磨损，但其磨损速度和程度对加工精度的影响不同。其中刀具的磨损速度最快，甚至有时在加工一个工件的过程中，就可能出现不能允许的磨损量。而机床、量具、夹具的磨损比较缓慢，对加工精度的影响也不明显，故对它们一般只进行定期鉴定和维修。

3）定位误差。夹具定位误差指的是在使用夹具进行生产加工时，零件在夹具内的位置与预期位置有所不同的情况。即指由于工件在夹具上的定位不准确而引起的加工误差。为了保证加工精度，一般限定定位误差不超过工件加工误差的1/3。

4）夹紧误差。夹紧误差是指工件在夹紧变形时产生的误差，其大小是工件基准面至刀具调整面之间距离的最大与最小尺寸之差。它包括工件在夹紧力作用下的弹性变形、夹紧时工件发生的位移量或偏转量、工件定位面与夹具支承面之间的接触部分的变形等。当夹紧力方向、作用点和大小合理时，夹紧误差近似为零。

5）装配后的相对尺寸误差。在夹具制造中，一般都是单件生产，装配是夹具制造的最后一个过程。装配后的相对尺寸误差是指相关零件间的距离精度及配合精度。为了减小夹具装配误差，以提高零件装配的准确性，还可以将具有一定误差的零件，通过选择进行配套或分组，使零件之间的上下误差配合适当，以提高装配精度。

4. 工艺系统的变形

1）工艺系统的受力变形。机械加工工艺系统在切削力、夹紧力、惯性力、重力、传动力等的作用下，会产生相应的变形和振动，从而破坏刀具和工件之间的正确相对位置、速度关系和切削运动的稳定性，使工件的加工精度下降。车削细长轴时，工件在切削力的作用下会发生变形，使加工出的轴出现中间粗两头细的情况，如图1-80所示；又如在内圆磨床上进行切入式磨孔时，由于内圆磨头主轴比较细，磨削时因磨头主轴受力变形，而使工件孔呈锥形，如图1-81所示。由此可见，工艺系统的受力变形是加工中的一项重要的原始误差，它不仅严重地影响加工精度，而且影响表面质量，也限制切削用量和生产率的提高。

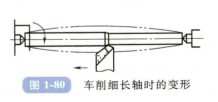

图 1-80　车削细长轴时的变形

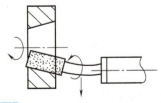

图 1-81　切入式磨孔时磨头主轴的变形

① 切削力变化引起的误差。加工过程中，由于工件的加工余量发生变化、工件材质不

均等因素引起的切削力变化，使工艺系统的变形发生变化，从而产生加工误差，图 1-82 所示的毛坯形状误差的复映就是加工余量不均匀引起的。

② 切削力作用点位置的变化对加工精度的影响。工件的加工精度不仅受切削力大小变化的影响，而且也受切削力作用点位置变化的影响。

a）车削短轴时工件的变形，如图 1-83 所示。

b）车削长轴时工件的变形，如图 1-84 所示。

由于机床、夹具、工件等都不是绝对刚体，它们都会变形，因此前述两种误差形式都会存在，既有形状误差，又有尺寸误差，故对加工精度的影响为前述几种误差形式的综合。

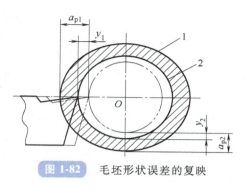

图 1-82 毛坯形状误差的复映

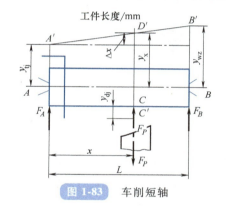

图 1-83 车削短轴

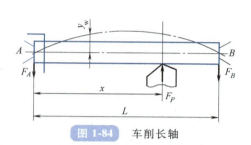

图 1-84 车削长轴

2）工艺系统的受热变形。机械加工过程中，工艺系统的热源主要有以下三个方面：

① 切削热。切削热是指被加工材料切削层的弹性、塑性变形以及前、后刀面与切屑、已加工表面间的摩擦产生的热量。由于热的传导，它主要对工件和刀具有较大的影响。

② 摩擦热和传动热。摩擦热是指机床中的各种运动零件，在相对运动时因摩擦（齿轮、轴承、导轨等）而产生的热量；传动热是指液压传动（液压泵、液压缸等）和电动机的温升等产生的热量，这类热量主要对机床有较大的影响。

③ 外部热源。以上两部分热源，都是在加工过程中产生的，属内部热源。外部热源主要是指周围环境温度的变化和阳光、照明及取暖设备的辐射热等。这类热对精密机床、精密零件的加工与测量有较为显著的影响。

3）机床热变形对加工精度的影响。由于各类机床的结构和工作条件差别很大，所以引起机床热变形的热源及变形形式也各不相同。在加工过程中，由于热源分布不均匀和机床结构的复杂性，机床各部件将发生不同程度的热变形，破坏了机床的几何精度，从而影响工件的加工精度。机床热变形中，主轴部件、床身导轨以及两者相对位置等方面的热变形对加工精度的影响最大。

车床类机床的主要热源是主轴箱轴承的摩擦热和主轴箱油池的散发热。这些热量使主轴箱和床身温度上升，从而造成机床主轴在垂直平面内发生倾斜。这种热变形对于刀具呈水平位置安装的卧式车床影响甚微，但对于刀具垂直安装的自动车床和转塔车床来说，因倾斜方向为误差敏感方向，对工件加工精度的影响就不容忽视。

4）刀具热变形对加工精度的影响。刀具所受的热源主要是切削热，因刀具工作部分体积小，其热容量有限，所以刀具切削部分的温度急剧升高，可达 1000℃以上，从而引起刀具热伸长，产生加工误差。车刀受热后的变形情况如图 1-85 所示。

5）工件热变形对加工精度的影响。工件的热变形主要是由切削热引起的。开始切削时，工件温度低，变形小；随着切削过程的进行，工件的温度逐渐升高，变形也就逐渐增大。在热膨胀下达到的加工尺寸，冷却收缩后会变小，甚至超差。

对于不同形状的工件和不同的加工方法，工件的受热变形是不同的。图 1-86 所示为薄圆环磨削时热变形的影响。

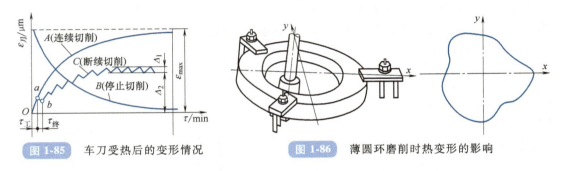

| 图 1-85 | 车刀受热后的变形情况 | | 图 1-86 | 薄圆环磨削时热变形的影响 |

5. 工件内应力

1）毛坯制造过程中产生的内应力。在铸、锻、焊及热处理等热加工过程中，由于各部分热胀冷缩不均匀以及金相组织转变时的体积变化，使毛坯内部产生了相当大的内应力。毛坯的结构越复杂，各部分的厚度越不均匀，散热的条件差别越大，则毛坯内部产生的内应力也越大。具有内应力的毛坯的变形在短时间内显示不出来。图 1-87 所示为铸件因内应力引起的变形。

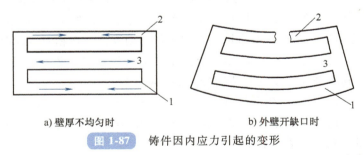

a) 壁厚不均匀时　　　　　　　　b) 外壁开缺口时

图 1-87　铸件因内应力引起的变形

2）冷矫直带来的内应力。一些刚度较差、容易变形的工件（如丝杠），通常采用冷矫直进行矫正。图 1-88 所示为冷矫直引起的内应力。

已弯曲的工件（原来无残余应力）进行冷校直时，必须使工件产生反向的弯曲，如图 1-88a 所示，并使工件产生一定的塑性变形。当工件外层应力超过屈服极限时，其内层应力还未超过弹性极限，故其应力分布如图 1-88b 所示。去除外力后，由于下部外层已产生拉伸的塑性变形，上部外层已产生了压缩的塑性变形，故里层的弹性恢复受到阻碍，结果上部外层产生残余拉应力，上部里层产生残余压应力，下部里层产生残余拉应力，如图 1-88c 所示。冷校直后虽然工件的弯曲减小了，但内部组织却处于不稳定状态，经过一定时间后或再

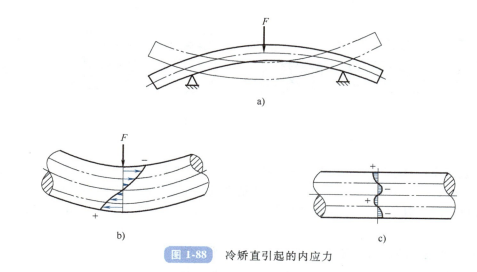

图 1-88　冷矫直引起的内应力

进行一次切削加工，又会产生新的弯曲。

3）切削加工中产生的内应力。切削时，在切削力和切削热的作用下，工件表面层各部分将产生塑性变形或金属组织等发生变化，从而产生残余应力，引起工件的变形。

（二）机械加工表面质量

零件表面质量是零件加工质量的一个重要方面，一台设备的工作性能，尤其是其可靠性和寿命，在很大程度上取决于其主要零件的表面质量。

1. 加工表面的几何形状特征

机械零件加工表面质量的几何形状特征主要包括如下五个部分，如图 1-89 所示。

1）表面粗糙度。表面粗糙度是加工表面的微观几何形状误差，其波距与波高的比值一般小于 50。

2）波度。波距与波高的比值在 50 ~ 1000 之间的几何形状误差称为波度，它主要是由机械加工中的振动引起的。

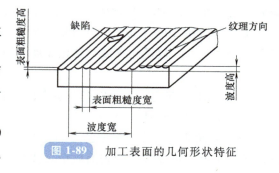

图 1-89　加工表面的几何形状特征

3）形状误差。形状误差是宏观几何误差，其波距与波高的比值大于 1000，属于加工精度范畴。

4）纹理方向。纹理方向是指加工痕迹的方向，它取决于所采用的加工方法。运动副或密封件表面常常对纹理方向有要求。图 1-90 所示为加工纹理方向及其符号表示。

5）缺陷。缺陷是在表面个别位置上随机出现的，包括砂眼、夹杂、气孔、裂痕等。

机械加工过程中，在切削力和切削热的作用下，表面层的物理力学性能和化学性能将发生一定的变化，主要体现在表面层因塑性变形引起的强化（加工硬化）、表面因切削热引起的金相组织变化、表面层中的残余应力三个方面。

2. 表面质量对零件使用性能的影响

零件表面质量对零件使用性能的影响主要体现在以下几个方面：

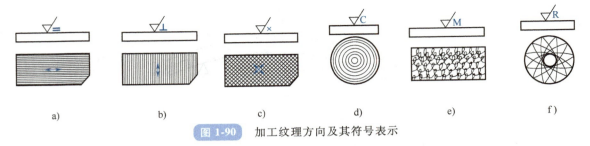

a)　　　　　　　b)　　　　　　　c)　　　　　　　d)　　　　　　　e)　　　　　　　f)

图 1-90　加工纹理方向及其符号表示

（1）表面质量对耐磨性的影响　零件的使用寿命往往取决于零件的耐磨性，当相互摩擦的表面磨损到一定程度时，就会丧失应有的精度或性能而报废。零件的耐磨性主要与摩擦副的材料和润滑条件有关。在这些条件都确定的情况下，零件的表面质量就起决定性的作用。

1）表面粗糙度的影响。加工后的表面粗糙不平，当两个零件的表面互相接触时，并不是全长接触，实际上只是在一些凸峰顶部接触，如图 1-91 所示。

2）表面层特理力学性能的影响。

① 加工硬化。机械加工过程中，由于表层金属的塑性变形使其硬度和强度增大，这种现象称为加工硬化。加工硬化能阻碍表层疲劳裂纹的出现与扩展，从而使零件的强度得到提高，提高了零件表面的耐磨性。例如，Q235 钢在冷拔加工后硬度提高 15%~45%，各磨损实验中测得的磨损量可减少 20%~30%。但当加工硬化程度过大时，反而会产生裂纹，故硬化程度与硬化深度应控制在一定范围之内。

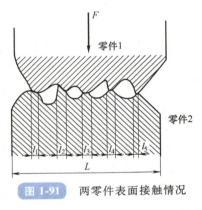

图 1-91　两零件表面接触情况

② 金相组织变化。当零件表面层产生金相组织变化时，由于改变了基体材料原来的硬度，因而会直接影响其耐磨性。

（2）表面质量对疲劳强度的影响　金属零件的疲劳破坏往往发生在零件的表面层和表面冷硬层下面，因此零件的表面质量对疲劳强度影响很大。硬化层能阻碍已有裂纹的扩展和新的疲劳裂纹的产生，可大大降低外部缺陷和表面粗糙度的影响。

（3）表面质量对耐蚀性的影响

① 表面粗糙度的影响。零件的耐蚀性很大程度上取决于表面粗糙度。表面粗糙度值越大，腐蚀物质越易积聚在表面的凹坑中，从而腐蚀表面。因此，减小表面粗糙度值，可以提高零件的耐蚀性。

② 残余应力的影响。表面层有残余应力时，对耐蚀性有较大影响。残余压应力使表面组织紧密，腐蚀介质不易入内，可增强零件的耐蚀性；而残余拉应力则会降低耐蚀性。

③ 表面加工硬化或金相组织的影响。表面加工硬化或金相组织变化时，都会引起表面残余应力，以致出现裂纹，因而会降低零件的耐蚀性。

（4）表面质量对配合质量的影响　表面粗糙度值的大小将影响配合表面的配合质量。

对于间隙配合，机器运转时，配合表面不断磨损，从初期磨损开始，即要经过一个所谓的"跑合"阶段才能进入正常的工作状态。表面粗糙度值大，初期磨损阶段磨损量就大，间隙就会增大，以致改变原来的配合性质，影响间隙配合的稳定性。因此对于间隙配合，特别是在间隙要求很小、精度要求很高的情况下，必须保证有较低的表面粗糙度值。

对于过盈配合，装配过程中一部分表面凸峰被挤平，实际过盈量减小，降低了配合件间的连接强度，影响过盈配合的可靠性。

3. 影响表面粗糙度的因素

（1）切削加工中影响表面粗糙度的因素　在切削加工中，表面粗糙度形成的主要原因可归纳如下：

1）刀具几何形状的复映。刀具相对于工件做进给运动时，在加工表面留下了切削层残留面积，其形状近乎是刀具几何形状的复映，如图1-92所示。

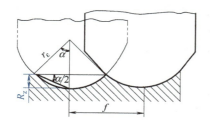 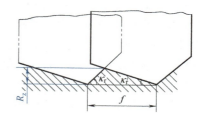

a) 刀尖圆弧半径和进给量的影响　　　　　b) 刀具主偏角、副偏角和进给量的影响

图 1-92　切削层残留面积

2）工件材料的性质。切削加工后表面的实际表面粗糙度与理论表面粗糙度有较大差别。加工塑性材料时，由于刀具对金属的挤压产生了塑性变形，加之刀具迫使切屑与工件分离的撕裂作用，使表面粗糙度值加大。工件材料韧性越好，金属的塑性变形越大，加工表面就越粗糙。加工脆性材料时，切屑呈碎粒状，由于切屑的崩碎而在加工表面留下许多麻点，使表面粗糙度值增大。

3）切削用量。

① 切削速度。切削过程中，切削速度越高，切屑和被加工表面的塑性变形就越小，表面粗糙度值也越小。一般情况下，积屑瘤和鳞刺都在低速范围产生，此速度范围随不同的工件材料、刀具材料、刀具前角等变化。采用较高的切削速度能防止积屑瘤和鳞刺的产生，可有效地减小表面粗糙度值。

② 进给量。进给量越大，加工表面的残留面积就越大，且塑性变形也随之增大，表面粗糙度值也越大。

（2）磨削加工中影响表面粗糙度的因素　正像切削加工时表面粗糙度的形成过程一样，磨削加工时表面粗糙度的形成也是由几何因素和表面金属的塑性变形来决定的。影响磨削表面粗糙度的主要因素如下：

1）砂轮的粒度。砂轮的粒度越细，则砂轮工作表面上单位面积的磨粒数越多，因此在工件表面上的刻痕密而细，表面粗糙度值也就越小。但粒度过细时，容易堵塞砂轮而使工件表面塑性变形增加，影响表面粗糙度。

2）砂轮的修整。修整砂轮除了使砂轮有正确的几何形状之外，更主要的是使砂轮表面形成锋利的微刃，使砂轮具有良好的磨削性能。用金刚石修整砂轮相当于在砂轮工作表面上车出一道螺纹，修整导程和切深越小，修出的砂轮就越光滑，磨粒切削刃的等高性也就越好，因而磨出的工件表面粗糙度值也就越小。

3）工件材料。工件材料的硬度、塑性、韧性和导热性能等对表面粗糙度有显著影响。工件材料太硬时，磨粒易钝化；工件材料太软时，砂轮易堵塞；韧性大和导热性差的工件材料，使磨粒早期崩落而破坏了微刃的等高性，因此均使表面粗糙度值增大。

4）磨削用量。

① 砂轮速度。提高砂轮速度可以增加在工件单位面积上的刻痕，同时使塑性变形造成的隆起量下降，这是由于高速度下塑性变形的传播速度小于磨削速度，材料来不及变形所致，因而表面粗糙度值可以显著降低。

② 进给量。进给量小，则单位时间内加工的长度短，故表面粗糙度值小。

③ 背吃刀量。减小背吃刀量，将减小工件材料的塑性变形，从而减小表面粗糙度值。为兼顾磨削效率，通常先采用较大的磨削深度，而后采用小的背吃刀量或光磨。

5）冷却润滑和其他。磨削时冷却润滑对减小磨削力、温度及砂轮磨损等都有良好的效果。故正确选用切削液有利于减小表面粗糙度值。

磨削工艺系统的刚度、主轴回转精度、砂轮的平衡、工作台运动的平稳性等方面，也将影响砂轮与工件的瞬时接触状态，从而影响表面粗糙度。

4. 影响加工表面层物理力学性能的因素

（1）表面层加工硬化

1）加工硬化现象。加工硬化现象是表面层金属强化的结果，会增大金属变形的抗力，减小金属的塑性，金属的物理性质也会发生变化。

2）影响加工硬化的主要因素。

① 刀具的影响。刀具的前角增大，对表层金属的挤压作用增强，塑性变形加剧，导致硬化增强。刀具的后角减小，后刀面磨损增大，后刀面与被加工表面的摩擦加剧，塑性变形增大，导致硬化增强。

② 切削用量的影响。切削速度增大，表层金属的变形速度快，塑性变形不充分，硬化层深度和程度都将减小。进给量增大，切削力也增大，表层金属的塑性变形加剧，加工硬化严重。

③ 加工材料的影响。工件材料的塑性越大，加工硬化现象就越严重。

（2）表面层材料金相组织变化　当切削热使被加工表面的温度超过相变温度后，表层金属的金相组织将会发生变化。对于一般的切削加工（如车、铣、刨削等），由切削热引起的工件加工表面温升不会达到相变的临界温度，因此不会发生金相组织变化。磨削加工时，由于磨粒在高速下进行切削、刻划和划擦，使工件表面温度很高，常达 900℃ 以上，达到相变温度，引起表面层金相组织发生变化，从而使表面层的硬度下降，并伴随出现残余应力，甚至产生细微裂纹，这种现象称为磨削烧伤。磨削烧伤将严重影响零件的使用性能。因此，磨削是一种典型的容易产生加工表面金相组织变化的加工方法。

严重的磨削烧伤使零件的使用寿命成倍下降，甚至无法使用。磨削出现的烧伤色是工件表面烧伤时产生的氧化膜颜色，由于烧伤程度不同，氧化膜厚度不等，氧化膜呈现的颜色也不同，有黄、褐、紫、蓝等色，紫色和蓝色氧化膜为烧伤程度严重。改善磨削烧伤有两个途径：一是尽可能地减少磨削热的产生；二是改善冷却条件，尽量使产生的热量少传入工件。

（3）表面层的残余应力　切削和磨削加工中，加工表面层材料组织相对基体组织发生形状、体积变化或金相组织变化时，在加工后工件表面层及其与基体材料交界处就会产生相互平衡的应力，即表面层残余应力。残余应力有压应力和拉应力之分。引起残余应力的原因主要有以下三个方面。

1）切削力的影响。在切削力作用下，金属晶体发生塑性变形，使晶格中的一部分原子偏离其平衡位置而造成晶格畸变，破坏了原来晶格中原子的紧密排列，导致金属密度下降，体积增加，因受到基体材料的限制，而产生"表压内拉"的应力。另外，切除切屑时已加工表面层金属会产生强烈的塑性伸长变形，此时基体金属层受到影响而处于弹性伸长变形状态。切削力去除后，基体金属趋向恢复，但受到已产生塑性伸长变形层金属的限制，恢复不到原状，因而在表面层产生了残余压应力。

2）切削热的影响。切削过程中产生的热作用在不引起相变的情况下，使工件表面层产生拉伸应力，里层产生压缩应力。工件加工表面在切削热作用下产生热膨胀，此时表层金属温度高于基体温度，因此表层产生热压应力。当表层温度超过材料的弹性变形允许的范围时，就会产生热塑性变形（在压应力作用下材料相对缩短）。当切削过程结束后，表面温度下降，由于表层已产生热塑性缩短变形，并受到基体的限制，故而在表面层产生残余拉应力。

3）金相组织变化的影响。切削时产生的高温会引起表面金属金相组织的变化。不同的金相组织有不同的密度，以磨削淬火钢为例，淬火钢原来的组织为马氏体，磨削加工后，表层可能产生回火，马氏体转变为密度接近珠光体的屈氏体或索氏体，密度增大而体积减小，表面层产生残余拉应力。如果表面温度超过 Ac_3，冷却又充分，则表面层的残余奥氏体转变为马氏体，体积膨胀，表面层产生残余压应力。

实际上，机械加工后工件表面层的残余应力是上述三方面综合作用的结果，在一定的加工条件下，应力状态取决于其中哪一种作用占主导地位。如切削加工过程中，当切削热不高时，表面层中以切削力引起的冷态塑性变形为主，此时，表面层中将产生残余压应力。而磨削时，一般因磨削温度较高，常产生残余拉应力，这也是磨削裂纹产生的根源。表面存在裂纹，会加速工件损坏，为此磨削时要严格控制磨削热的产生和改善散热条件，以避免磨削裂纹的产生。

（三）轴类零件精度的检测

轴类零件的精度检测应按一定顺序进行，先检测形状精度，然后检测尺寸精度，最后检测位置精度。这样可以判明和排除不同性质误差之间对测量精度的干扰。

1. 形状精度检测

轴类零件的形状精度主要是指支承轴颈与配合轴颈的圆度、圆柱度误差。

圆度误差为轴的同一横截面内最大直径与最小直径之差的一半，一般用千分尺按照测量直径的方法即可测量，精度高的轴需要用比较仪检验。圆柱度误差是指轴向多个截面内的最大直径与最小直径之差的一半，同样可以用千分尺检验。长度不大而精度较高的工件，也可用比较仪检验。

2. 尺寸精度检测

在单件小批生产中，轴的直径一般用外径千分尺检测。精度较高（公差值小于

0.01mm）时，可用杠杆卡规测量。台肩长度可用游标卡尺、深度游标卡尺和深度千分尺检验。大批量生产中，常采用界限卡规检测轴的直径。

3. 位置精度检测

为提高检测精度和缩短检测时间，位置精度检测多采用专用夹具，如图 1-93 所示。检测时，将轴零件的两个支承轴颈放在同一平板上的两个 V 形架上，并在轴的一端用挡块、钢球和工艺锥堵挡住，限制轴沿轴向移动。两个 V 形架中有一个高度是可调的，测量时先用千分表调整轴的中心线，使它与测量平面平行。平板的倾斜角一般是 15°，使工件轴端靠自重压向钢球。按测量要求放置千分表，用手轻轻转动轴零件，从千分表读数的变化即可测量各项误差，包括有关表面相对支承轴颈的径向圆跳动和端面圆跳动。

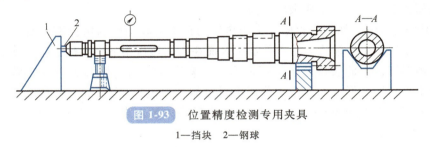

图 1-93 位置精度检测专用夹具
1—挡块　2—钢球

三、实施过程

1. 实施环境和条件

1）场地。实训基地或理实化一体教学车间、传动轴零件图、检测实训用表。

2）量具。游标卡尺、钢直尺、内卡钳、外径千分尺、外卡钳、百分表、表面粗糙度对照样板等。

2. 实施要求

1）准确使用各类检测量具。

2）检测传动轴各外圆的表面粗糙度。

3）检测零件的尺寸精度、形状精度、位置精度。

3. 实施步骤

（1）阶梯轴形状精度、尺寸精度和位置精度检测

1）形状精度检测。将被测阶梯轴放在支承架上，用百分表测量被测轴同一截面内、外轮廓圆一周上六个位置的直径，取最大直径与最小直径之差的一半作为该截面的圆度误差。按上述方法，分别测量五个不同截面，取五个截面的圆度误差中的最大值作为该被测轴的圆度误差；取各截面内测得的所有读数中的最大与最小读数值差值的一半作为该被测轴的圆柱度误差。

2）尺寸精度检测。阶梯轴长度尺寸精度测量可采用 0~200mm 游标卡尺，外圆尺寸精度采用外径千分尺进行测量。

3）位置精度检测。按照图 1-93 所示的方法，完成有关表面相对支承轴颈的径向圆跳动和端面圆跳动的检测。

（2）阶梯轴零件质量分析　通过对阶梯轴零件检测，对其加工质量按以下几个方面进

行分析：

1）列出车床传动轴零件产生的各种质量问题。

2）分析产生废品的原因。

3）有针对性地提出解决这些质量问题的方法和对策。

四、考核评价（表 1-18）

表 1-18　考核评价表（任务 2）

序号	评分项目	评分标准	分值	检测结果	得分
1	准确使用各类检测工具	正确使用检具	20		
2	尺寸精度的检测	每个 2 分	20		
3	形状精度的检测	每个 5 分	30		
4	位置精度的检测	每个 5 分	20		
5	质量缺陷的分析		10		

【项目拓展】

坐标中国——8 万 t 模锻压力机力锻金刚

在工业领域深耕多年之后，我国终于造出 8 万 t 大国重器，凭借设备产生的巨大锻压力，这一设备的诞生，一举突破了由苏联保持了几十年的世界纪录，而 8 万 t 级的锻压设备，对于我国基础部件一体成型产业的发展有着极其重要的意义。

重型工业装备的生产是我国工业能力的重要指标之一，而模锻压力机机就是这一领域当中最为重要的一种设备，然而掌握生产这种设备的技术却非常困难。放眼世界也只有中美俄法 4 个国家拥有类似的设备，此前最大等级的压力机，是苏联时期制造的 7.5 万 t 模锻压力机，因此中国打造的 8 万 t 模锻压力机（图 1-94），不仅有助于国内发展重工业，还打破了一项由苏联创造了几十年的世界纪录。

为什么一定要对基础部件使用锻造机进行锻造？难道不能直接使用焊接或者切割的方式来进行生产吗？实际上通过切割和焊接的方式生产的基础部件，在强度上往往难以达到设计和使用上的需求。例如战斗机和客机在生产过程中往往需要使用特种合金

图 1-94　8 万 t 模锻压力机

来制造其主要框架，如果使用切割或者焊接方式，其强度就无法达到实际使用需求，如果大量使用铆钉，那么整个飞机的重量就会大大增加，甚至超过设计限度。因此锻造是一种用于

生产高承重能力的基础部件的主要方式。

在这台设备诞生之前，国内企业要想打造大型高强度部件，要么向国外企业订购，要么就只能利用更小的锻造设备，进行分段式制造，前者需要消耗大量的资金，而后者在强度上仍然比不上一体成形的部件，因此研发这台 8 万 t 的大国重器对于中国而言是相当有必要的。

国产 8 万 t 模锻液压机地面上的高度达到 27m，地下还有 15m，总高度为 42m，设备总质量达到 2.2 万 t，其中质量达到 75t 以上的零件就有 68 件，不管是压力机尺寸不是整体质量、单件质量，均为世界第一。从其尺寸就能看出，生产这一设备本身就是对一个国家工业实力的巨大挑战，在投入使用之后，这台设备可以对钛合金和高温合金乃至粉末合金等难以变形的材料进行超速模锻和热锻。简单来说，就是对金属进行锻造并且在此过程中改善其内部组织，从而提升其整体力学性能和物理性能。

与一般的生产设备相比，该模锻压力机能够长时间保持较大的压力，从而使得金属以较慢的速度发生变形，进而提升其各项性能，最重要的是这一生产过程相比其他方式能够节约 40% 的材料。这台设备会在大型客机、舰艇高铁等工业制造领域发挥极其重要的作用，也将进一步见证中国工业的持续发展。

项目训练 1

1）压实机械属哪类机械产品？

2）什么是生产过程和工艺过程？它们的区别有哪些？

3）试述生产过程、工序、工步、走刀、安装、工位的概念。工序和工步、安装与工位的主要区别是什么？

4）生产类型是根据什么划分的？有哪几种生产类型？它们各有哪些主要工艺特征？

5）什么是机械加工工艺过程？什么工艺过程？

6）试述轴类零件的主要功能并说明其结构特点和技术要求。

7）什么是工序集中？什么是工序分散？各有什么特点？

8）什么是基准？工艺基准和设计基准分别包括哪几种类型？

9）拟订机械加工工艺规程的原则与步骤有哪些？工艺规程的作用和制订原则各有哪些？

10）机械零件毛坯的选择原则是什么？

11）根据什么原则选择粗基准和精基准？

12）机械加工工序的安排原则是什么？

项目训练 2

试指出图 1-95a、b 所示结构工艺性方面存在的问题，并指出改进意见。

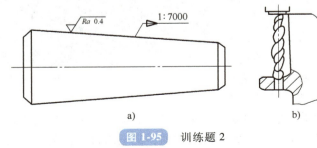

a)　　　　　　　　　　b)

图 1-95 训练题 2

项目训练 3

读懂图 1-96 所示传动轴零件图，分析该零件相关的技术要求，完成以下问题：

1）分析加工该传动轴零件时需要做哪些工艺过程的准备（设备、刀具、夹具）？

2）轴类零件常用材料有哪些？该传动轴应用在减速器上，如何合理选用该零件的材料？

3）在零件加工过程中，为什么要尽量减少装夹次数？

4）轴类零件在加工过程中，工艺系统受力变形、热变形怎样影响零件的加工精度？

5）中心孔在轴类零件加工中起什么作用？什么情况下要对中心孔进行修研？

6）编制该传动轴零件的机械加工工艺过程卡。

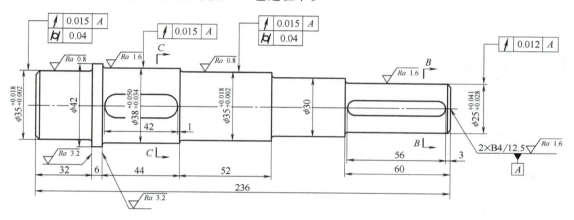

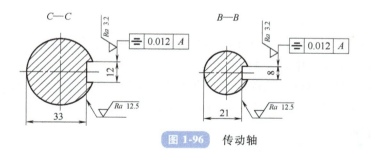

图 1-96　传动轴

项目二

套筒类零件加工工艺的设计与实施

【项目目标】

知识目标

1. 了解套筒类零件加工工艺的基本内容。
2. 掌握套筒类零件工艺规程制订的原则与方法。
3. 掌握套筒类产品设计方法的原则，保证产品的工艺水平的方法。

能力目标

1. 能根据套筒类零件产品的生产类型确定其适用的机械加工工艺。
2. 能选择合理的加工设计方法。
3. 能计算产品的工艺尺寸链。

素养提升目标

1. 了解产品机械设计发展的概况及在中国制造业的地位，工艺技术在智能制造中的作用，培养学生热爱中国制造，甘于奉献的职业素养。
2. 认真探究套筒类机械部件工艺设计方法的选择，培养学生严谨细致的敬业精神。
3. 激发学生自主学习兴趣，培养学生的团队合作和创新精神。

【项目导读】

加工工艺是整个机械制造过程的前期工作。怎样将毛坯加工成零件，以及达到设计产品精度的方法，是加工工艺所要解决的问题。套筒类零件是铣镗床的关键件，其精度好坏决定了整机的精度性能。

【任务描述】

学生以企业制造部门工艺员的身份进入机械加工工艺模块，根据产品的特点制订合理的加工工艺路线。首先了解机械加工工艺的基本知识、制订加工工艺规程的原则和步骤。其次对套筒类零件加工工艺进行分析，确定产品的加工方法。最后确定加工过程中各工艺过程的安排，进行检测量具的选用及其加工工精度的确定等内容。通过对套筒类零件加工工艺规程的制订，分析解决产品加工过程中存在的问题和不足，并对编制工艺过程中存在的问题进行研讨和交流。

【工作任务】

按照零件加工工艺要求，了解套筒类零件加工工艺的基本内容，分析产品工艺链；确定合理的加工工艺方法，选用适用的加工工艺与检测工具；确定加工工艺路线；完成套筒类加工工艺规程制订。

【相关知识】

一、套筒类零件加工工艺分析

（一）套筒类零件的功用及其结构特点

套筒类零件是机械中常见的一种零件，它的应用范围很广。如支承旋转轴的各种形式的滑动轴承、夹具上引导刀具的导向套、内燃机气缸套、液压系统中的液压缸及一般用途的套筒，如图 2-1 所示。由于其功用不同，套筒类零件的结构和尺寸有着很大的差别，但其结构上仍有共同点：零件的主要表面为同轴度要求较高的内外圆表面；零件壁的厚度较薄且易变形；零件长度一般大于直径等。

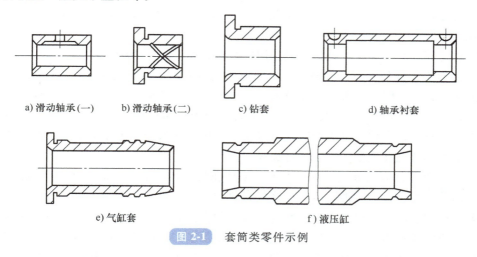

a) 滑动轴承(一)   b) 滑动轴承(二)   c) 钻套   d) 轴承衬套

e) 气缸套   f) 液压缸

图 2-1 套筒类零件示例

1. 套筒类零件的技术要求

套筒类零件的主要表面是孔和外圆，其主要技术要求如下：

（1）孔的技术要求 孔是套筒类零件起支承或导向作用的最主要表面，通常与运动的轴、刀具或活塞相配合。孔的直径尺寸公差等级一般为 IT7，对于精密轴套，可取 IT6，对于气缸和液压缸，由于与其配合的活塞上有密封圈，要求较低，通常取 IT9。孔的形状精度应控制在孔径公差以内，对于精密套筒，孔的形状精度控制为孔径公差的 1/3~1/2，甚至更严。对于较长的套筒，除了圆度要求以外，还应注意孔的圆柱度。为了保证零件的功用和提高其耐磨性，孔的表面粗糙度 Ra 值为 $1.6~0.8\mu m$，对于要求高的精密套筒，Ra 值可达 $0.4\mu m$。

（2）外圆表面的技术要求 外圆是套筒类零件的支承面，常以过盈配合或过渡配合与箱体或机架上的孔相连接。外径尺寸公差等级通常取 IT7~IT6，其形状精度控制在外径公差以内，表面粗糙度 Ra 值为 $3.2 \sim 0.8 \mu m$。

（3）孔与外圆的同轴度要求　当孔的最终加工是将套筒装入箱体或机架后进行时，套筒内外圆的同轴度要求较低；若最终加工是在装配前完成的，则同轴度要求较高，公差一般为 $\phi 0.05 \sim \phi 0.01 mm$。

（4）孔轴线与端面的垂直度要求　套筒的端面（包括凸缘端面）若在工作中承受载荷，或在装配和加工时作为定位基准，则端面与孔轴线的垂直度要求较高，公差一般为 $0.05 \sim 0.01 mm$。

2. 套筒类零件的材料、毛坯及热处理

（1）套筒类零件的材料　套筒类零件应根据不同工作条件、结构特点和功能要求，选用不同的材料和热处理工艺，以获得所需的强度、硬度、韧性和耐磨性。

套筒类零件常用材料为钢、铸铁、青铜或黄铜和粉末冶金等材料。有些特殊要求的套类零件可采用双层金属结构或选用优质合金钢。双层金属结构是应用离心铸造法在钢或铸铁轴套的内壁上浇铸一层巴氏合金等轴承合金材料，采用这种制造方法虽增加了一些工时，但能节省有色金属，而且又提高了轴承的使用寿命，并根据需要进行正火、退火、调质、淬火等热处理以获得一定的强度、硬度、韧性和耐磨性。经过调质可得到较好的切削性能，而且能获得较高的强度、韧性等综合力学性能；表面经局部淬火后再回火，表面硬度可达到 $45 \sim 52 HRC$。

气缸缸套等套筒类零件，材料一般选用铝合金，如 6061、7075。

（2）套筒类零件的毛坯　套筒类零件的毛坯制造方式的选择与毛坯结构、尺寸、材料、和生产批量的大小等因素有关。孔径较大（一般直径大于 $20 mm$）时，常采用型材（如无缝钢管）、带孔的锻件或铸件；孔径较小（一般直径小于 $20 mm$）时，多选择热轧或冷拉棒料，也可采用实心铸件；大批大量生产时，可采用冷挤压、粉末冶金等先进工艺，不仅节约原材料，而且生产率及毛坯质量、精度均可提高。

（3）套筒类零件表面处理　套筒的锻造毛坯在机械加工前，均需安排正火或退火处理，使钢材内部晶粒细化，消除锻造应力，降低材料硬度，改善切削性能。

凡要求局部表面淬火以提高耐磨性的套筒，须在淬火前安排调质处理。当毛坯加工余量较大时，调质安排在粗车之后、半精车之前，使粗加工产生的残余应力能在调质时消除。当毛坯余量较小时，调质可安排在粗车之前进行。表面淬火一般安排在精加工之前，可保证淬火引起的局部变形在精加工中得到纠正。

对于精度要求较高的套筒，在局部淬火和粗磨之后，还需安排低温时效处理，以消除淬火及磨削中产生的残余应力。

（二）内孔表面加工方法

内孔表面加工方法较多，常用的有钻孔、扩孔、铰孔、镗孔、磨孔、拉孔、研磨孔、珩磨孔、滚压孔等。

1. 钻孔

动画：钻孔

用钻头在工件实体部位加工孔称为钻孔。钻孔属于粗加工，可达到的尺寸公差等级为 IT13 ~ IT11，表面粗糙度 Ra 值为 $50 \sim 12.5 \mu m$。由于麻花钻长度较长，钻芯直径小而刚性差，又有横刃

的影响，故钻孔有以下工艺特点：

1）钻头容易偏斜。由于横刃的影响，定心不准，切入时钻头容易引偏；且钻头的刚性和导向作用较差，切削时钻头容易弯曲。在钻床上钻孔时，如图 2-2a 所示，容易引起孔的轴线偏移和不直，但孔径无显著变化。

在车床上钻孔时，如图 2-2b 所示，容易引起孔径的变化，但孔的轴线仍然是直的。因此，在钻孔前应先加工端面并用钻头或中心钻预钻一个锥孔，如图 2-3 所示，以便钻头定心。

2）孔径容易扩大。钻削时，钻头两切削刃径向力不等将引起孔径扩大；采用卧式车床钻孔时，切入引偏也是孔径扩大的重要原因；此外，钻头的径向圆跳动等也是造成孔径扩大的原因。

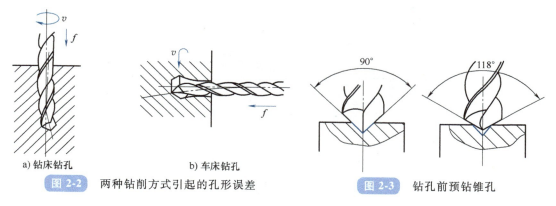

a) 钻床钻孔　　　　　b) 车床钻孔

图 2-2　两种钻削方式引起的孔形误差　　　　**图 2-3**　钻孔前预钻锥孔

3）孔的表面质量较差。钻削时的切屑较宽，在孔内被迫卷为螺旋状，流出时易与孔壁发生摩擦而刮伤已加工表面。

4）钻削时轴向力大。这主要是由钻头的横刃引起的。试验表明，钻孔时，50%的轴向力和 15%的转矩是由横刃产生的。因此，当钻孔直径 $d>30\text{mm}$ 时，一般分两次进行钻削。第一次钻至 $(0.5\sim0.7)d$，第二次钻到所需的孔径。由于横刃第二次不参加切削，故可采用较大的进给量，使孔的表面质量，和生产率均得到提高。

2. 扩孔

扩孔是用扩孔钻对已钻出的孔做进一步加工，以扩大孔径并提高精度和降低表面粗糙度值。扩孔可达到的尺寸公差等级为 IT11～IT10，表面粗糙度 Ra 值为 $12.5\sim6.3\mu\text{m}$，属于孔的半精加工方法，常作为铰削前的预加工，也可作为精度不高的孔的终加工。

扩孔如图 2-4 所示。扩孔余量 $(D-d)/2$，可查阅相关表格。扩孔钻的形式随直径不同而不同。

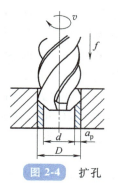

动画：扩孔

图 2-4　扩孔

直径为 $\phi10\sim\phi32\text{mm}$ 时，为锥柄扩孔钻，如图 2-5a 所示。直径为 $\phi25\sim\phi80\text{mm}$ 时，为套式扩孔钻，如图 2-5b 所示。与麻花钻相比扩孔钻的结构，有以下特点：

1）刚性较好。由于扩孔时的背吃刀量小，切屑少，扩孔钻的容屑槽浅而窄，钻芯直径较大，增加了扩孔钻工作部分的刚性。

2）导向性好。扩孔钻有 3~4 个刀齿，刀具周边的棱边数增多，导向作用相对增强。

3）切削条件较好。扩孔钻无横刃参加切削，切削轻快，可采用较大的进给量，生产率较高；又因切屑少，排屑顺利，不易刮伤已加工表面。因此与钻孔相比，扩孔加工精度高，表面粗糙度值较低，且可在一定程度上校正钻孔的轴线误差。适用于扩孔的机床与钻孔相同。

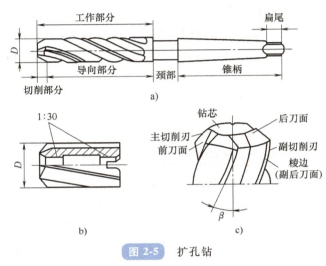

图 2-5　扩孔钻

3. 铰孔

动画：在机床上铰孔（通孔）

铰孔是在半精加工（扩孔或半精磨）的基础上对孔进行的一种精加工方法。铰孔的尺寸公差等级可达 IT9 ~ IT6，表面粗糙度 Ra 值可达 3.2 ~ 0.2μm。

铰孔的方式有机铰和手铰两种。在机床上进行铰削称为机铰；用手工进行铰削称为手铰，如图 2-6 所示。

铰刀一般分为机用铰刀和手用铰刀两种形式，如图 2-7 所示。机用铰刀可分为带柄的（直径为φ1~φ20mm 时为直柄，直径为 φ10 ~ φ32mm 时为锥柄，如图 2-7a ~ c 所示）和套式的（直径为 φ25~φ80mm 如图 2-7f 所示）。手用铰刀可分为整体式（图 2-7d）和可调式（图 2-7e）两种。铰削不仅可以用来加工圆柱形孔，也可用锥度铰刀加工圆锥形孔，如图 2-7g、h 所示。

图 2-6　手铰

1）铰削方式。铰削的余量很小，若余量过大，则切削温度高，会使铰刀直径膨胀，导致孔径扩大，使切屑增多而擦伤孔的表面；若余量过小，则会留下原孔的刀痕而影响表面粗糙度。一般粗铰余量为 0.15 ~ 0.25mm，精铰余量为 0.05 ~ 0.15mm。铰削应采用低切削速度，以免产生积屑瘤和引起振动，一般粗铰时 $v_c = 4~$

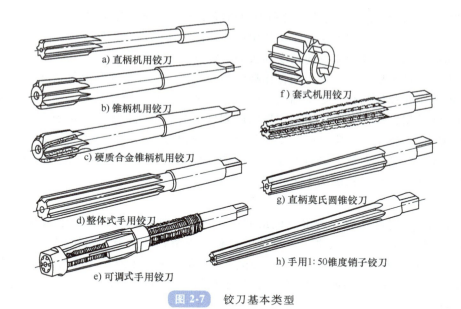

a) 直柄机用铰刀
b) 锥柄机用铰刀
c) 硬质合金锥柄机用铰刀
d) 整体式手用铰刀
e) 可调式手用铰刀
f) 套式机用铰刀
g) 直柄莫氏圆锥铰刀
h) 手用1:50锥度销子铰刀

图 2-7 铰刀基本类型

10m/min，精铰时 $v_c = 1.5 \sim 5$m/min。机铰的进给量可比钻孔时高 3~4 倍，一般可取 0.5~1.5mm/r。为了散热以及冲排屑末、减小摩擦、抑制振动和降低表面粗糙度值，铰削时应选用合适的切削液。铰削钢件常用乳化液，铰削铸铁件可用煤油。

如图 2-8a 所示，在车床上铰孔时，若装在尾架套筒中的铰刀轴线相对工件回转轴线发生偏移，则会引起孔径增大。如图 2-8b 所示，在钻床上铰孔时，若铰刀轴线相对孔的轴线发生偏移，会引起孔的形状误差。机用铰刀与机床常用浮动连接，由原孔进行导向，以防止铰削时孔径增大或产生孔的形状误差。铰刀与机床主轴浮动连接所用

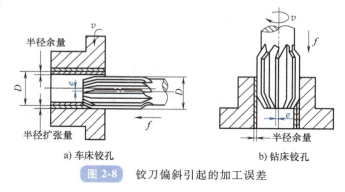

a) 车床铰孔　　　　b) 钻床铰孔

图 2-8 铰刀偏斜引起的加工误差

的浮动夹头如图 2-9 所示。浮动夹头的锥柄 4 安装在机床的锥孔中，铰刀锥柄安装在锥套 1 中，挡钉 3 用于承受轴向力，销钉 2 可传递转矩，由于锥套 1 的尾部与大孔、销钉 2 与小孔间均有较大间隙，所以铰刀处于浮动状态。

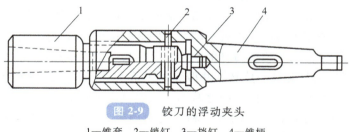

图 2-9 铰刀的浮动夹头

1—锥套　2—销钉　3—挡钉　4—锥柄

2）铰削的工艺特点。铰孔的精度和表面粗糙度不取决于机床的精度，而取决于铰刀的精度、铰刀的安装方式、加工余量、切削用量和切削液等条件。例如在相同的条件下，在钻床上铰孔和在车床上铰孔所获得的精度和表面粗糙度基本一致。

铰刀为定直径的精加工刀具，铰孔比精镗孔容易保证尺寸精度和形状精度，生产率也较高，对于加工小孔和细长孔，更是如此。但由于铰削余量小，铰刀常为浮动连接，故不能校正原孔的轴线偏斜，孔与其他表面的位置精度则需由前工序或后工序来保证。

铰孔的适应性较差。一定直径的铰刀只能加工一种直径和尺寸公差等级的孔，如需提高孔径的公差等级，则需对铰刀进行研磨。铰削的孔径一般小于 $\phi 80mm$，常用的为 $\phi 40mm$ 以下。对于阶梯孔和盲孔，铰削的工艺性较差。

4. 镗孔与车孔

镗孔是用镗刀对已钻出、铸出或锻出的孔做进一步加工，可在车床、镗床或铣床上进行。镗孔是常用的孔加工方法之一，可分为粗镗、半精镗和精镗。粗镗的尺寸公差等级为 IT13～IT12，表面粗糙度 Ra 值为 12.5～6.3μm；半精镗的尺寸公差等级为 IT10～IT9，表面粗糙度 Ra 值为 6.3～3.2μm；精镗的尺寸公差等级为 IT8～IT7，表面粗糙度 Ra 值为 1.6～0.8μm。

动画：车衬套内孔

1）车床车孔。车床车通孔如图 2-10a 所示。车盲孔或具有直角台阶的孔（图 2-10b）时，车刀可先做纵向进给运动，切至孔的末端时车刀改做横向进给运动，再加工内端面，这样可使内端面与孔壁良好衔接。车内孔凹槽（图 2-10d）时，可将车刀伸入孔内，先做横向进给运动，切至所需的深度后再做纵向进给运动。

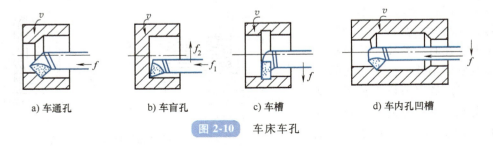

| a) 车通孔 | b) 车盲孔 | c) 车槽 | d) 车内孔凹槽 |

图 2-10 车床车孔

在车床上车孔时，工件旋转，车刀移动，孔径大小可由车刀的切削深度和进给次数进行控制，操作较为方便。车床车孔多用于加工盘套类和小型支架类零件的孔。

2）镗床镗孔。镗床镗孔主要有以下三种方式：

① 镗床主轴带动刀杆和镗刀旋转，工作台带动工件做纵向进给运动，如图 2-11 所示。这种方式镗削的孔径一般小于 120mm。图 2-11a 所示为悬伸式刀杆，镗刀不宜伸出过长，以免弯曲变形过大，一般用于镗削深度较小的孔。图 2-11b 所示的刀杆较长，用于镗削箱体两壁相距较远的同轴孔系。为了增加刀杆的刚性，刀杆另一端支承在镗床后立柱的导套座中。

② 镗床主轴带动刀杆和镗刀旋转，并做纵向进给运动，如图 2-12 所示。采用这种方式时，主轴悬伸的长度不断增大，刚性随之减弱，一般只用来镗削长度较小的孔。

采用上述两种镗削方式，孔径的尺寸和公差由调整刀头伸出的长度来保证，如图 2-13 所示。需要进行调整、试镗和测量，孔径合格后方能正式镗削，对操作技术要求较高。

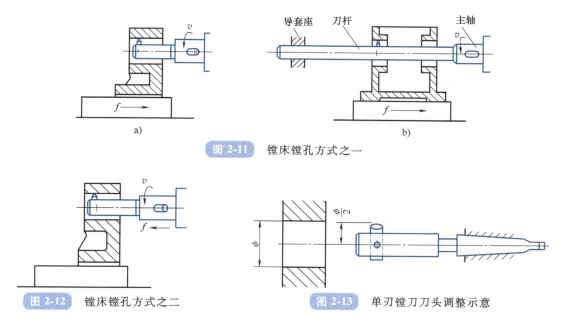

图 2-11　镗床镗孔方式之一

图 2-12　镗床镗孔方式之二

图 2-13　单刃镗刀刀头调整示意

③ 镗床平旋盘带动镗刀旋转，工作台带动工件做纵向进给运动。图 2-14 所示的镗床平旋盘可随主轴箱上、下移动，自身又能做旋转运动。其中部的径向刀架可做径向进给运动，也可处于所需的任意位置上。如图 2-15a 所示，利用径向刀架使镗刀处于偏心位置即可镗削大孔。φ200mm 以上的孔多用这种镗削方式，但孔不宜过长。图 2-15b 所示为镗削内槽，平旋盘带动镗刀旋转，径向刀架带动镗刀做连续的径向进给运动。若将刀尖伸出刀杆端部，也可镗削孔的端面。

镗床主要用于镗削大中型支架或箱体的支承孔、内槽和孔的端面；镗床也可用来钻孔、扩孔、铰孔、铣槽和铣平面。

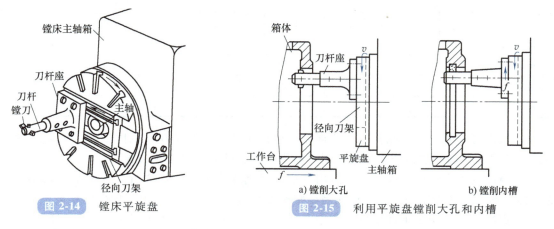

图 2-14　镗床平旋盘

图 2-15　利用平旋盘镗削大孔和内槽

3）浮动镗削。如前所述，车床、镗床和铣床镗孔多用单刃镗刀。在成批或大量生产时，对于孔径大（大于 φ80mm）、孔深长、精度高的孔，均可用浮动镗刀进行精加工。

可调节的浮动镗刀如图 2-16 所示。调节时，松开两个螺钉 2，拧动螺钉 3 以调节刀体 1 的径向位置，使之符合所镗孔的直径和公差。用浮动镗刀在车床上车孔如图 2-17 所示。工作时，刀杆固定在四方刀架上，浮动镗刀装在刀杆的长方孔中，依靠两刃径向切削力的平衡而自动定心，从而可以消除因刀体在刀杆上的安装误差所引起的孔径误差。

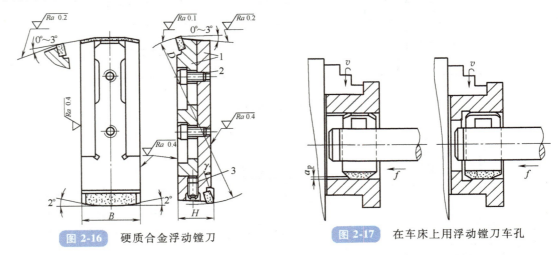

| 图 2-16 | 硬质合金浮动镗刀 | 图 2-17 | 在车床上用浮动镗刀车孔 |

浮动镗削实质上相当于铰削，其加工余量及可达到的尺寸精度、表面粗糙度均与铰削类似。浮动镗削的优点是易于稳定地保证加工质量，操作简单，生产率高。但它不能校正原孔的位置误差，因此孔的位置精度应在前面的工序中得到保证。

4）单刃镗刀镗削的工艺特点。镗削的适应性强，镗削可在钻孔、铸出孔和锻出孔的基础上进行；可达到的尺寸公差等级和表面粗糙度范围较广；除直径很小且较深的孔以外，各种直径和各种结构类型的孔几乎均可镗削（表 2-1）。

表 2-1　可镗削的各种结构类型的孔

孔的结构						
车床	可	可	可	可	可	可
镗床	可	可	可	—	可	可
铣床	可	可	可	—	—	—

① 镗削可有效地校正原孔的位置误差，但由于镗杆直径受孔径的限制，一般其刚性较差，易弯曲和振动，故镗削质量的控制（特别是细长孔）不如铰削方便。

② 镗削的生产率低。因为镗削需用较小的切削深度和进给量进行多次进给以减小刀杆的弯曲变形，且在镗床和铣床上镗孔需调整镗刀在刀杆上的径向位置，故操作复杂、费时。

③ 镗削广泛应用于单件小批生产中各类零件的孔加工。在大批量生产中，镗削支架和箱体的轴承孔时，需用镗模。

5. 拉孔

拉孔是一种高效率的精加工方法。除拉削圆孔外，还可拉削各种截面形状的通孔及内键槽，如图 2-18 所示。拉削圆孔可达的尺寸公差等级为 IT9 ~ IT7，表面粗糙度 Ra 值为

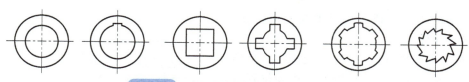

图 2-18　各种截面形状的通孔及内键槽

$1.6 \sim 0.4 \mu m$。

　　拉削可看作是用按高低顺序排列的多把刨刀进行的刨削，如图 2-19 所示。

　　圆孔拉刀的结构如图 2-20 所示。其各部分的作用如下：柄部 l_1 是拉床刀夹夹住拉刀的部位；颈部 l_2 直径最小，当拉削力过大时，一般在此断裂，便于焊接修复；过渡锥 l_3 引导拉刀进入被加工的孔中；前导部分 l_4 保证工件平稳过

图 2-19　多把刨刀刨削示意

渡到切削部分，同时可检查拉削前的孔径是否过小，以免第一个刀齿负载过大而被损坏；切削部分 l_5 包括粗切齿和精切齿，承担主要的切削工作，校准部分 l_6 为校准齿，其作用是校正孔径、修光孔壁，当切削齿刃磨后直径减小时，前几个校准齿则依次磨成切削齿；后导部分 l_7，在拉刀刀齿切离工件时，用于防止工件下垂而刮伤已加工表面和损坏刀齿。

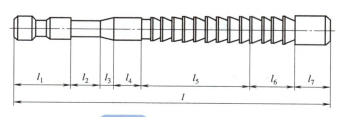

图 2-20　圆孔拉刀的结构

　　卧式拉床如图 2-21 所示。床身内装有液压缸，活塞拉杆的右端装有随动支架和刀夹，用以支承和夹持拉刀。工作前，拉刀支承在滚轮和拉刀尾部支架上，工件由拉刀左端穿入。当刀夹夹持拉刀向左做直线移动时，工件贴靠在"支承"上，拉刀即可完成切削加工。拉刀的直线移动为主运动，进给运动是靠拉刀的每齿升高量来完成的。

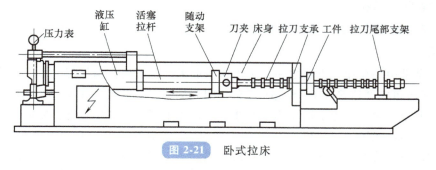

图 2-21　卧式拉床

　　1）拉削圆孔（图 2-22）。拉削的孔径一般为 $\phi 8 \sim \phi 125 mm$，孔的长径比一般不超过 5。拉削前一般不需要精确的预加工，钻削或粗镗后即可拉削。若工件端面与孔的轴线不垂直，则将端面贴靠在拉床的球面垫圈上，在拉削力的作用下，工件连同球面垫圈一起略微转动，

使孔的轴线自动调节到与拉刀轴线方向一致，可避免拉刀折断。

2）拉削内键槽（图 2-23）。键槽拉刀呈扁平状，上部为刀齿。工件与拉刀的正确位置由导向元件来保证。拉刀导向元件（图 2-23b）的圆柱 1 插入拉床端部孔内，圆柱 2 用以安放工件，槽 3 用于安放拉刀。

3）拉削的工艺特点。

① 拉削时，拉刀多齿同时工作，在一次行程中完成粗、精加工，因此生产率高。

② 拉刀为定尺寸刀具，且有校准齿进行校准和修光。拉床采用液压驱动，传动平稳，拉

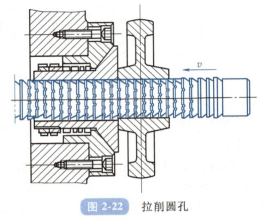

图 2-22 拉削圆孔

削速度很低（$v_c = 2 \sim 8\mathrm{m/min}$），切屑厚度薄，不会产生积屑瘤，因此拉削可获得较高的加工质量。

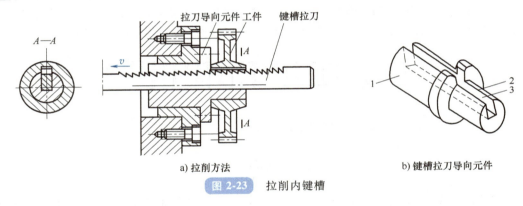

a) 拉削方法   b) 键槽拉刀导向元件

图 2-23 拉削内键槽

③ 拉刀制造复杂，成本昂贵，一把拉刀只适用于一种规格尺寸的孔或键槽，因此拉削主要用于大批大量生产或定型产品的成批生产。

④ 拉削不能加工台阶孔和盲孔。由于拉床的工作特点，某些复杂零件的孔也不宜进行拉削，例如箱体上的孔。

（三）套筒类零件内孔加工方法的选择

1. 车孔

车内孔是常用的孔加工方法之一，可用作粗加工，也可用作精加工。车孔精度一般可达 IT7～IT8，表面粗糙度达 $Ra1.6 \sim 3.2\mu\mathrm{m}$。车孔的关键技术是解决内孔车刀的刚性问题和内孔车削过程中的排屑问题。为了增加车刀刚性，防止产生振动，要尽量选择粗的刀杆，装夹时刀杆伸出长度尽可能短，只要略大于孔深即可。刀尖要对准工件中心，刀杆与轴心线平行。精车内孔时，应保持切削刃锋利，否则容易产生让刀，把孔车成锥形。在内孔加工过程中，主要通过控制切屑流出方向来解决排屑问题。精车孔时，要求切屑流向待加工表面（即前排屑），主要采用具有正刃倾角的内孔车刀。加工盲孔时，应采用具有负刃倾角的内孔车刀，使切屑从孔口排出。

2. 钻孔

钻孔前，先车平工件端面，钻出一个中心孔（用短钻头钻孔时，只要车平端面，不一定要钻出中心孔）。将钻头装在车床尾座套筒内，并把尾座固定在适当位置上，这时开动车床就可以手动进给钻孔，如图2-24所示。

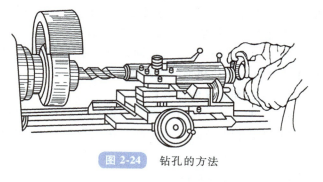

图 2-24　钻孔的方法

用较长的钻头钻孔时，为了防止钻头跳动，把孔钻大或折断钻头，可以在刀架上夹一铜棒或垫铁片，如图2-25所示，支承住钻头头部（不能用力太大），然后钻孔。当钻头头部进入孔中时，立即退出铜棒。

3. 镗孔

镗孔是把已有孔的直径扩大，达到所需的形状和尺寸。

根据孔的几何形状，镗刀可分为通孔镗刀、盲孔镗刀和内孔切槽刀三种。

1）通孔镗刀。切削部分的几何形状与外圆车刀基本相似。

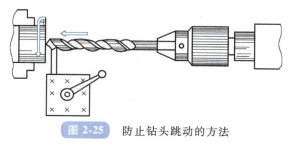

图 2-25　防止钻头跳动的方法

2）盲孔（不通孔）镗刀。用来加工盲孔和台阶、圆弧等形状。切削部分的几何形状与偏刀基本相似，它的主偏角大于90°。

3）内孔切槽刀。用于切削各种内槽。常见的内槽有退刀槽、密封槽、定位槽。内孔切槽刀的大小、形状要根据孔径和槽形及槽的大小确定。

镗孔的关键是尽量增加刀杆的截面积（但不能碰到孔壁）。刀杆伸出的长度尽可能短。即应根据孔径、孔深来选择刀杆的大小和长度。镗孔时应注意控制切屑流出方向，通孔采用前排屑，盲孔采用后排屑。

4. 铰孔

铰孔是对较小和未淬火孔的精加工方法之一，在成批生产中已被广泛采用。铰孔之前，一般先镗孔，镗孔后留些余量，一般粗铰余量为0.15～0.3mm，精铰余量为0.04～0.15mm，余量大小直接影响铰孔的质量。

二、套筒类零件加工精度的检测

（一）套筒类零件的精度

套筒的位置精度主要包括：外圆与内孔的同轴度及端面与孔轴线的垂直度要求。加工时尽可能在一次安装中完成外圆和内孔表面及端面的全部加工，这种方法消除了安装误差，可获得很高的相对位置精度。

当套筒零件的尺寸较大时，主要表面加工需要分在几次装夹中进行。加工方法有两种，第一种方法是先加工孔，然后以孔为精基准加工外圆，采用的夹具有可胀心轴（弹簧心轴、液塑心轴、波纹套心轴、碟形心轴等）；第二种是先加工外圆，然后以外圆为精基准加工孔，采用的夹具有卡盘（弹性膜片卡盘、液塑夹头、弹簧夹头、修磨后的自定心卡盘等）。

套筒类零件的精度包括以下几个方面：

1）孔的位置精度。包括同轴度（孔之间或孔与某些表面间的尺寸精度）、平行度、垂直度、径向圆跳动和轴向圆跳动等。

2）孔径和长度的尺寸精度。

3）孔的形状精度（如圆度、圆柱度、直线度等）。

4）表面粗糙度。要达到哪一级表面粗糙度，一般按加工图样上的规定。

（二）孔径的测量

1. 内径千分尺测量

当孔的尺寸小于 φ25mm 时，可用内径千分尺测量孔径，如图 2-26 所示。

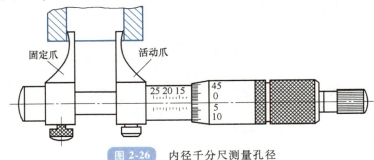

图 2-26 内径千分尺测量孔径

动画：内孔直径检测（较大直径）

动画：内孔直径检测（较小直径）

2. 内径百分表测量

采用内径百分表测量时，应根据内孔直径，用外径千分尺将内径百分表对"零"后，再进行测量，测量方法如图 2-27 所示，取测得的最小值为孔的实际尺寸。

3. 塞规测量

塞规由通端 1、止端 2 和柄部 3 组成，如图 2-28 所示。测量时，当通端可塞进孔内，而止端进不去时，孔径为合格。

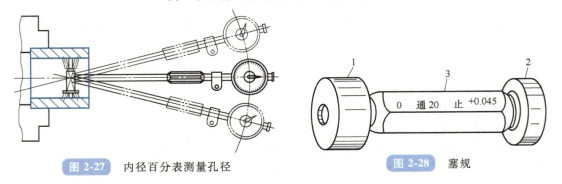

图 2-27 内径百分表测量孔径

图 2-28 塞规

（三）形状精度的测量

在车床上加工的圆柱孔，其形状精度一般仅测量孔的圆度和圆柱度（一般测量锥度）两项形状偏差。当孔的圆度要求不是很高时，在生产现场可用内径百分（千分）表在孔的圆周上各个方向进行测量，测量结果的最大值与最小值之差的一半即为圆度误差。

（四）位置精度的测量

1. 径向圆跳动的检测方法

一般套筒类工件测量径向圆跳动时，都可以用内孔作基准，把工件套在精度很高的心轴上，用百分表（或千分表）来检测，如图 2-29 所示。百分表在工件转一周中的读数差，就是径向圆跳动误差。

2. 轴向圆跳动的检测方法

检测套筒类工件轴向圆跳动的方法如图 2-29 所示。先把工件安装在精度很高的心轴上，利用心轴上极小的锥度使工件轴向定位，然后把杠杆式百分表的圆测头靠在所需要测量的端面上，转动心轴，测得百分表的读数差，就是轴向圆跳动误差。

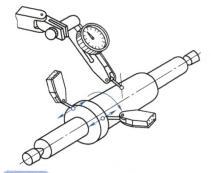

动画：用百分表检测圆跳动

图 2-29　用百分表检测圆跳动的方法

三、工艺尺寸链

（一）尺寸链的概念

尺寸链（dimensional chain）是分析和计算工序尺寸的有效工具，在制订机械加工工艺过程和保证装配精度中都起着很重要的作用。在零件加工或机器装配过程中，由互相联系的尺寸按一定顺序首尾相接排列而成的封闭尺寸组，即为尺寸链。

尺寸链中的每一个尺寸称为尺寸链的环。环又可分为封闭环和组成环。封闭环的尺寸是在机器装配或零件加工中间接得到的，封闭环在一个线性尺寸链中只有一个用 A_0 表示。在尺寸链中，由加工或装配直接控制，影响封闭环精度的各个尺寸称为组成环，用 A_i 表示。尺寸链组成示意图如图 2-30 所示。

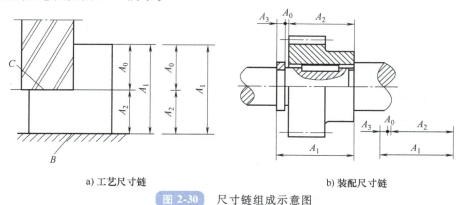

a) 工艺尺寸链　　　　　　　　　　　　b) 装配尺寸链

图 2-30　尺寸链组成示意图

根据对封闭环的影响，组成环又分为增环和减环。当其余各组成环不变时，如其尺寸增大会使封闭环尺寸也随之增大的组成环，称为增环，用尺寸字母上带一个正方向箭头表示，例如 $\overrightarrow{A_1}$。当其余各组成环不变时，如其尺寸的增大会使封闭环尺寸随之减小的组成环，称为减环，用尺寸字母上带一个负方向箭头表示，例如 $\overleftarrow{A_2}$。

判断增、减环有两种方法：一是根据定义；二是顺着尺寸链的一个方向向着尺寸线的终端画箭头，与封闭环同向的组成环为减环，反之则为增环，如图 2-31 所示。

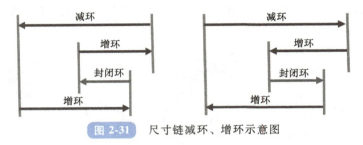

图 2-31 尺寸链减环、增环示意图

（二）尺寸链的分类

（1）按应用场合分类　尺寸链可分为工艺尺寸链（图 2-30a）和装配尺寸链（图 2-30b）。

1）工艺尺寸链：在加工过程中，工件上各相关的工艺尺寸所组成的尺寸链。

2）装配尺寸链：在机器设计和装配过程中，各相关的零部件间相互联系的尺寸所组成的尺寸链。

（2）按尺寸链中各组成环所在的空间位置分类　尺寸链可分为线性尺寸链、平面尺寸链和空间尺寸链，如图 2-32 所示。

1）线性尺寸链：尺寸链全部尺寸位于两条或几条平行直线上。

2）平面尺寸链：尺寸链全部尺寸位于一个或几个平行平面内。

3）空间尺寸链：尺寸链全部尺寸位于几个不平行的平面内。

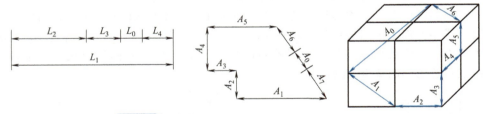

图 2-32　线性尺寸链、平面尺寸链和空间尺寸链

（3）按照构成尺寸链各环的几何特征分类　尺寸链可分为长度尺寸链（图 2-33a）和角度尺寸链（图 2-33b）。

1）长度尺寸链：所有构成尺寸链的环，均为直线长度量。

2）角度尺寸链：构成尺寸链的各环为角度量，或平行度、垂直度等。

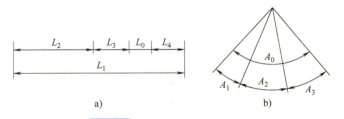

a)　　　　　　　　b)

图 2-33　长度尺寸链和角度尺寸链

（4）按照尺寸链各环的相互联系的形态分类　尺寸链可分为独立尺寸链和相关尺寸链。

1）独立尺寸链：所有构成尺寸链的环，在同一尺寸链中。

2）相关尺寸链：具有公共环的两个以上尺寸链组，即构成尺寸链中的一个或几个环，分布在两个或两个以上的尺寸链中。按其尺寸联系形态，又可分为并联、串联和混联三种，如图 2-34 所示。

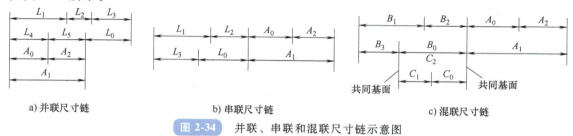

a) 并联尺寸链　　　　b) 串联尺寸链　　　　c) 混联尺寸链

图 2-34　并联、串联和混联尺寸链示意图

（三）尺寸链的计算

1. 尺寸链的计算方法

（1）极值解法　这种方法又称为极大极小值解法。它是按误差综合后的两个最不利情况，即各增环皆为最大极限尺寸而各减环皆为最小极限尺寸的情况，以及各增环皆为最小极限尺寸而各减环皆为最大极限尺寸的情况，来计算封闭环极限尺寸的方法。

（2）概率解法　又称为统计法，即应用概率论原理进行尺寸链计算的一种方法，如算术平均、均方根偏差等。

2. 求解尺寸链的情形

1）已知组成环，求封闭环，为尺寸链的正计算。

2）已知封闭环，求组成环，为尺寸链的反计算。

3）已知封闭环及部分组成环，求其余组成环，为尺寸链的中间计算。

3. 极值法求解尺寸链五大关系

（1）各环公称尺寸之间的关系　封闭环的公称尺寸等于各个增环的公称尺寸之和减去各个减环的公称尺寸之和。即

$$A_0 = \sum_{i=1}^{m} \overrightarrow{A_i} - \sum_{j=m+1}^{n-1} \overleftarrow{A_j}$$

式中　A_0——封闭环公称尺寸；

$\overrightarrow{A_i}$——第 i 个增环公称尺寸；

$\overleftarrow{A_j}$——第 j 个减环公称尺寸；

n——尺寸链中包括封闭环在内的总环数；

m——增环的数目。

（2）各环极限尺寸之间的关系

1）当尺寸链中所有增环为最大值，所有减环为最小值时，封闭环有最大值。即

$$A_{0\max} = \sum_{i=1}^{m} \overrightarrow{A_{i\max}} - \sum_{j=m+1}^{n-1} \overleftarrow{A_{j\min}}$$

2）当尺寸链中所有增环为最小值，所有减环为最大值时，封闭环有最小值。即

$$A_{0\min} = \sum_{i=1}^{m} \overrightarrow{A}_{i\min} - \sum_{j=m+1}^{n-1} \overleftarrow{A}_{j\max}$$

（3）各环尺寸极限偏差之间的关系

1）封闭环的最大值减去公称尺寸得到的是上极限偏差。即

$$ES(A_0) = A_{0\max} - A_0 = \left(\sum_{i=1}^{m} \overrightarrow{A}_{i\max} - \sum_{j=m+1}^{n-1} \overleftarrow{A}_{j\min} \right) - \left(\sum_{i=1}^{m} \overrightarrow{A}_i - \sum_{j=m+1}^{n-1} \overleftarrow{A}_j \right) = \sum_{i=1}^{m} ES(\overrightarrow{A}_i) - \sum_{j=m+1}^{n-1} EI(\overleftarrow{A}_j)$$

故得出：封闭环上极限偏差=增环上极限偏差之和-减环下极限偏差之和。

2）封闭环的最小值减去公称尺寸得到的是下极限偏差。即

$$EI(A_0) = A_{0\min} - A_0 = \left(\sum_{i=1}^{m} \overrightarrow{A}_{i\min} - \sum_{j=m+1}^{n-1} \overleftarrow{A}_{j\max} \right) - \left(\sum_{i=1}^{m} \overrightarrow{A}_i - \sum_{j=m+1}^{n-1} \overleftarrow{A}_j \right) = \sum_{i=1}^{m} EI(\overrightarrow{A}_i) - \sum_{j=m+1}^{n-1} ES(\overleftarrow{A}_j)$$

故得出：封闭环下极限偏差=增环下极限偏差之和-减环上极限偏差之和。

（4）各环公差或误差之间的关系

1）封闭环的最大尺寸减去最小尺寸得到封闭环的公差。即

$$T_0 = A_{0\max} - A_{0\min} = \left(\sum_{i=1}^{m} \overrightarrow{A}_{i\max} - \sum_{j=m+1}^{n-1} \overleftarrow{A}_{j\min} \right) - \left(\sum_{i=1}^{m} \overrightarrow{A}_{i\min} - \sum_{j=m+1}^{n-1} \overleftarrow{A}_{j\max} \right) = \sum_{i=1}^{n-1} T_i$$

2）从上式可以看出，封闭环的公差等于所有组成环的公差之和，它比任何组成环的公差都大。所以应用中应注意：在设计零件时，应选择最不重要的环作为封闭环。

封闭环的公差确定后，组成环数越多，则分到每一环的公差应越小。所以在装配尺寸链中，应尽量减小尺寸链的环数，即"最短尺寸链原则"。

（5）各环平均尺寸和平均偏差之间的关系

1）平均尺寸=（最大值+最小值）/2

$$A_{0av} = (A_{0\max} + A_{0\min})/2 = \left[\left(\sum_{i=1}^{m} \overrightarrow{A}_{i\max} - \sum_{j=m+1}^{n-1} \overleftarrow{A}_{j\min} \right) + \left(\sum_{i=1}^{m} \overrightarrow{A}_{i\min} - \sum_{j=m+1}^{n-1} \overleftarrow{A}_{j\max} \right) \right] /2$$

$$= \sum_{i=1}^{m} \overrightarrow{A}_{iav} - \sum_{j=m+1}^{n-1} \overleftarrow{A}_{jav}$$

故得出：封闭环的平均尺寸等于增环的平均尺寸之和-减环的平均尺寸之和。

2）平均偏差=平均尺寸-公称尺寸

$$\Delta_{A0} = A_{0av} - A_0 = \left(\sum_{i=1}^{m} \overrightarrow{A}_{iav} - \sum_{j=m+1}^{n-1} \overleftarrow{A}_{jav} \right) - \left(\sum_{i=1}^{m} \overrightarrow{A}_i - \sum_{j=m+1}^{n-1} \overleftarrow{A}_j \right) = \sum_{i=1}^{m} \overrightarrow{\Delta}_{Ai} - \sum_{j=m+1}^{n-1} \overleftarrow{\Delta}_{Aj}$$

故得出：封闭环平均偏差=增环平均偏差之和-减环平均偏差之和。

【项目实施】

任务1 套筒类零件加工工艺过程的设计

一、任务引入

根据制造企业的要求，结合企业的实际情况和零件加工要求，制订 SC 32×25 气缸缸体零件的加工工艺。气缸的装配简图如图 2-35 所示，缸体零件图如图 2-36 所示，该零件的生产纲领为 20000 台/年，每台产品中缸体的数量 $n=1$ 件/台，缸体的备品百分率 $a=1\%$，废品百分率 $b=1\%$；缸体材料为 6061 铝合金，外表面镀铬处理。试编制该零件的机械加工工艺过程卡。

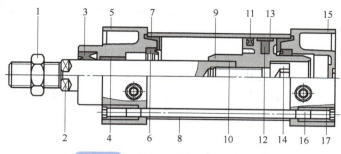

图 2-35　SC 32×25 气缸的装配简图

1—螺母　2—活塞杆　3—前盖防尘圈　4—滑动轴套　5—前盖　6—缓冲 O 形圈　7—缓冲密封圈

8—缸体　9—活塞　10—活塞杆 O 形圈　11—活塞密封圈　12—磁铁　13—导向耐磨环

14—内六角螺栓　15—后盖　16—支柱　17—支柱螺母

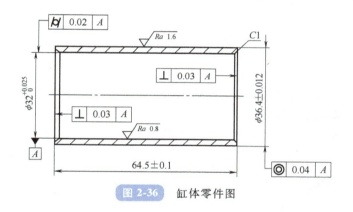

图 2-36　缸体零件图

二、相关知识

（一）套筒类零件孔加工刀具的应用

1. 麻花钻

在实心材料上加工孔，必须先用钻头钻出一个孔来。常用的钻头是麻花钻。麻花钻由工作部分（包括切削部分、导向部分）、颈部和钻柄等组成，如图 2-37 所示。钻柄有锥柄和直柄两种，一般直径为 12mm 以下的麻花钻用直柄，12mm 以上时用锥柄。

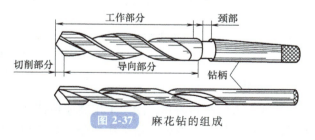

图 2-37　麻花钻的组成

2. 中心钻

中心钻用于加工中心孔，主要有三种形式：中心钻、无护锥 60°复合中心钻和带护锥 60°复合中心钻。为节约刀具材料，复合中心钻常制成双端的，钻沟一般制成直的。复合中心钻的工作部分由钻孔部分和锪孔部分组成，钻孔部分与麻花钻相同，有倒锥度及钻尖几何参数，锪孔部分制成 60°锥度，保护锥制成 120°锥度。

复合中心钻工作部分的外圆需经斜向铲磨，才能保证锪孔部分及锪孔部分与钻孔部分的过渡部分具有后角。

3. 深孔钻

一般深径比（孔深与孔径之比）在 5~10 范围内的孔为深孔，加工深孔可用深孔钻。深孔钻的结构有多种，常用的主要有外排屑深孔钻、内排屑深孔钻和喷吸钻等。

4. 扩孔钻

在实心零件上钻孔时，如果孔径较大，钻头直径也较大，横刃加长，轴向切削力增大，钻削时会很费力，这时可以钻削后用扩孔钻对孔进行扩大加工。

扩孔钻有高速钢扩孔钻和硬质合金扩孔钻两种，如图 2-38 所示。

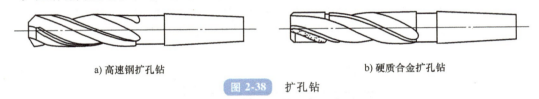

a) 高速钢扩孔钻　　　　　　　　　　　　b) 硬质合金扩孔钻

图 2-38　扩孔钻

5. 镗孔刀

铸孔、锻孔或用钻头钻出来的孔，内孔表面还很粗糙，需要用内孔刀车削。车削内孔用的车刀，一般称为镗孔刀，简称镗刀。

常用镗刀有整体式和机夹式两种，如图 2-39 所示。

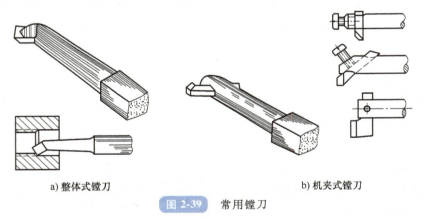

a) 整体式镗刀　　　　　　　　　　　　b) 机夹式镗刀

图 2-39　常用镗刀

6. 铰刀

精度要求较高的内孔，除了采用高速精镗之外，一般在经过镗孔后用铰刀铰削。铰刀有机用铰刀和手用铰刀两种，由工作部分、颈部和柄部等组成，如图 2-40 所示。

动画：手工通孔攻螺纹

动画：手工盲孔攻螺纹

（二）保证套筒类零件技术要求的方法

在车床中，孔的加工方法与孔的精度要求、孔径及孔的深度有很大的关系。一般来讲，当公差等级为 IT12、IT13 时，一次钻孔就可以实现。

当公差等级为 IT11，孔径不大于 10mm 时，采用一次钻孔方式；当孔径为 10~30mm 时，采用钻孔和扩孔方式；孔径为 30~

80mm 时，采用钻孔、扩钻、扩孔刀或车刀镗孔方式。

当公差等级为 IT10、IT9，孔径不大于 10mm 时，采用钻孔、铰孔方式；当孔径为 10～30mm 时，采用钻孔、扩孔和铰孔方式；孔径为 30～80mm 时，采用钻孔、扩孔、铰孔或扩孔刀镗孔方式。

当公差等级为 IT8、IT7，孔径不大于 10mm 时，采用钻孔、一次或二次铰孔方式；当孔径为 10～30mm 时，采用钻孔、扩孔、一次或二次铰孔方式；当孔径为 30～80mm 时，采用钻孔、扩孔（或扩孔刀镗孔）、一次或二次铰孔方式。

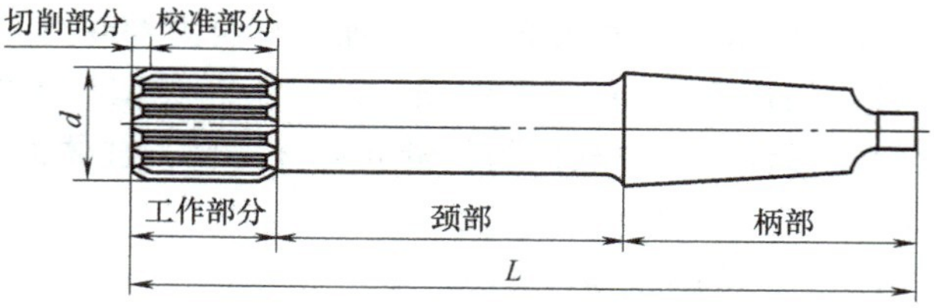

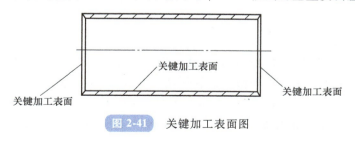

图 2-40　铰刀
a) 机用铰刀
b) 手用铰刀 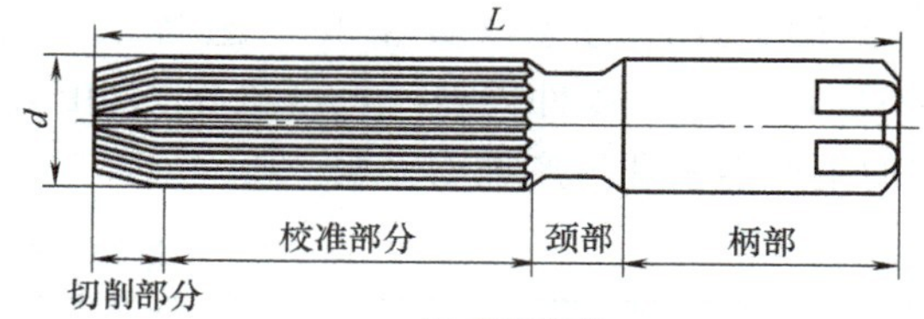

三、实施过程

1. 实施环境和条件

实训车间、理实一体化教学车间，零件图，多媒体课件，必要的参考资料。

2. 实施要求

1）3 人一组，以组为单位，读懂气缸的装配图，并且分析气缸缸体的结构和相关技术要求。

2）以组为单位，讨论并分析气缸缸体的机械加工工艺过程。

3）每组汇报，完成气缸缸体的机械加工工艺过程卡。

3. 实施步骤

通过对气缸缸体零件进行工艺分析，按下述步骤制订缸体零件的工艺过程卡。

（1）缸体零件图技术要求分析　如图 2-41 所示，气缸缸体主要由外圆表面和内圆表面组成，其中精度要求较高的表面有两处：ϕ32H7 内圆一处、表面粗糙度为 $Ra0.8\mu m$；ϕ36.4mm 外圆一处，表面粗糙度为 $Ra1.6\mu m$。由图 2-36 可知，几何精度要求为：缸体 ϕ32H7 内圆面的圆柱度公差为 0.02mm；两端面与 ϕ32H7 轴线的垂直度公差为 0.03mm。

图 2-41　关键加工表面图

关键加工表面：ϕ32H7 内圆表面及两端面。

次要加工表面：其他表面。

其他要求为：外表面镀铬处理，材料为 6061 铝合金。

（2）计算零件年生产纲领，确定生产类型　根据任务已知：产品的生产纲领 $Q = 20000$ 台/年；每台产品中缸体的数量 $n = 1$ 件/台；缸体的备品百分率 $a = 1\%$；缸体的废品百分率 $b = 1\%$。

1）缸体的生产纲领计算

$$N = Qn(1+a)(1+b) = 200000 \times (1+1\%)(1+1\%) 件/年 = 20402 件/年$$

2）确定缸体的生产类型及工艺特征。缸体属于轻型机械类零件。根据生产纲领（20402 件/年）及零件类型（轻型机械），由表 1-2 可查出，缸体的生产类型为大批生产。缸体的生产纲领和生产类型见表 2-2。

表 2-2　缸体的生产纲领和生产类型

名称	结果
生产纲领	20402 件/年
生产类型	大批生产
工艺特征	1）毛坯采用铝合金型材，精度高，余量小 2）加工设备采用通用机床 3）工艺装备采用高效能的专用刀具和通用量具 4）工艺文件需编制加工工艺过程卡 5）加工采用专用夹具，调整法控制尺寸，自动化生产率高，对操作工人技术要求低

（3）选择毛坯　根据缸体的制造材料，考虑到材料的力学性能及热处理要求，毛坯的最佳方案可采用无缝空心铝合金型材。表面镀铬处理安排在粗、精加工之后，以获得良好的抗氧化性能，可以选择 6061 铝合金。无缝铝合金管可分为精抽、挤压成型，精抽成型的尺寸精度可以达到 ±（0.03 ~ 0.05）mm；挤压成型的尺寸精度可以达到 ±0.1mm。缸体毛坯选择挤压成型常规无缝铝合金空心管，参考零件尺寸可以有多种选择方案，考虑到成本一般选择 $\phi38mm \times \phi31.4mm \times 3.3mm$ 为好，毛坯如图 2-42 所示，常规尺寸见表 2-3。

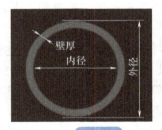

图 2-42　毛坯规格示意图

毛坯的特性如下：

1）颜色：银白色。

2）加工特性：具有加工性能极佳，优良的焊接特点及电镀性、耐蚀性、韧性高及加工后不变形、材料致密无缺陷、易于抛光、氧化效果极佳等优良特点。

3）化学成分（质量分数）：铜（Cu）0.15% ~ 0.4%、锰（Mn）0.15%、镁（Mg）0.8% ~ 1.2%、锌（Zn）0.25%、铬（Cr）0.04% ~ 0.35%、钛（Ti）0.15%、硅（Si）0.4% ~ 0.8%、铁（Fe）0.7%、其余 0.15%、铝（Al）95.8% ~ 97.2%。

4）力学性能：极限抗拉强度大于 205MPa，受压屈服强度为 55.2MPa，弹性系数为 68.9GPa，弯曲极限强度为 228MPa。

表 2-3 常规无缝铝合金空心管毛坯尺寸　　　　　　　（单位：mm）

铝合金管			
大径×内径×壁厚	φ38×φ32×3	φ38×φ31.4×3.3	φ38×φ30×4

（4）选择缸体的精基准和夹紧方案　根据基准重合原则，考虑选择缸体的外圆作为定位精基准是最理想的，如图 2-43 所示。

（5）选择工艺装备　根据缸体的工艺特性，加工设备采用通用机床，即卧式车床。工艺装备采用专用夹具、专用刀具（内孔车刀、切槽刀、内孔滚压刀等）、通用量具（游标卡尺、外径千分尺、内径千分尺等）。缸体的基准及其加工工艺装备见表 2-4。

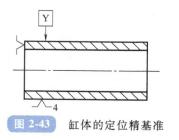

图 2-43 缸体的定位精基准

表 2-4 缸体的基准选择及其加工工艺装备

名称	结果
粗基准	
精基准	
加工工艺装备	1）加工设备采用通用机床 2）夹具主要采用液压三爪软卡盘装夹、定位 3）刀具采用内孔车刀、切槽刀、内孔滚压刀 4）量具采用游标卡尺、外径千分尺、内径千分尺等

（6）拟订缸体机械加工工艺路线

1）确定各表面的加工方法。分析气缸缸体的零件图，该零件为回转体套筒类零件，结合空心无缝管材毛坯，加工余量少。φ32H7 内圆精度要求较高，表面粗糙度为 $Ra0.8\mu m$，尺寸精度为 IT7，一般采用车削加工就可达到相应的技术要求，为提高表面质量和抗疲劳强度，采用滚压进行表面光整加工；其他精度要求较低的回转面采用精车可满足加工要求。各表面加工方法的选择见表 2-5。

表 2-5 各表面的加工方法

加工表面	精度要求	表面粗糙度 $Ra/\mu m$	加工方案
（φ36.4±0.1）mm 外圆	IT10	1.6	精车
φ32H7 内圆	IT7	0.8	精车→滚压
（64.5±0.1）mm 两端面	IT7	1.6	精车

2）确定加工工艺过程。小批量短套筒的加工工艺方案：一次装夹中完成内、外圆及端面加工，工艺过程比较简单。

大批量短套筒的加工工艺方案：车削（磨削）外圆→粗车一端端面→调头车削内圆，精车两端面→光整加工滚压。

① 确定加工顺序。

② 确定加工定位基准。

③ 确定各工序的加工余量和工序尺寸及其公差。

④ 确定刀具及切削参数。

⑤ 填写气缸缸体机械加工工艺过程卡（表2-6）。

表 2-6 气缸缸体的机械加工工艺过程卡

工序	工序名称	工序内容	定位基准	加工设备
1	下料	准备毛坯（留加工余量1~3mm）、无缝铝管切断		锯床
2	外圆加工	（$\phi36.4\pm0.012$）mm 外圆加工、端面粗加工	内孔、端面	CA6140
3	内孔与端面加工	调头，夹外圆，车$\phi32$mm 至$\phi32^{+0.04}_{+0.02}$mm，精车两端面	$\phi36.4$mm 外圆	CA6140
4	光整加工	$\phi32$H7 内圆表面光整加工	$\phi36.4$mm 外圆	CA6140
5	检验	按图样技术要求全部检验		
6	表面处理	镀铬处理		
7	终检	外观检验		

四、考核评价（表2-7）

表 2-7 考核评价表（任务1）

序号	评分项目	评分标准	分值	检测结果	得分
1	分析气缸缸体零件图	1）写出气缸缸体零件的技术要求 2）写出该零件与其他零件的相互配合关系 3）写出零件各加工面的精度要求	20		
2	气缸缸体零件的加工过程	1）加工设备、刀具、夹具、量具的选择 2）零件加工顺序的安排	30		
3	编制气缸缸体的加工工艺过程卡	1）画出加工过程中各工序的简图 2）每3人一组，按企业标准上交机械加工工艺过程卡	50		

任务2 气缸缸体零件加工精度的分析

一、任务引入

套筒类零件在加工时，不仅要检测外径和长度方面的尺寸，内径尺寸同样是需检测的重要指标之一。气缸缸体零件在完成所有工序后，应当按设计图样对相关尺寸和其他技术要求进行及时的检测。此外，套筒类零件除了要满足尺寸精度和表面粗糙度要求外，还有较高的几何精度要求，因此掌握内径测量的各种方法对保障缸体加工质量有着关键的直接作用。

二、相关知识

（一）零件检测方法

测量目标物尺寸的方法分为接触测量（直接测量、间接测量）和非接触测量。直接测量方法是将测量仪接触测量目标物，直接读取长度或高度的方法，如图 2-44a 所示。间接测量方法是相对于直接测量而言的，通过一些间接的量或手段来得到被测对象的测量结果如图 2-44b 所示。非接触测

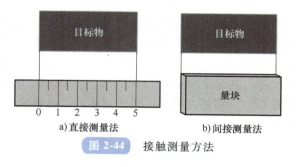

a)直接测量法　　　b)间接测量法

图 2-44　接触测量方法

量方法是以光电、电磁等技术为基础，在不接触被测物体表面的情况下，得到物体表面参数信息的测量方法，如图 2-45 所示。常用测量仪的精度见表 2-8。

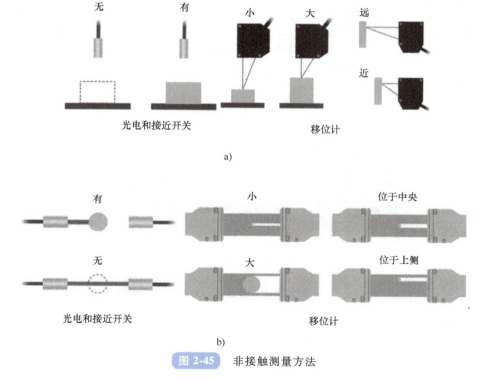

图 2-45　非接触测量方法

表 2-8　常用测量仪的精度

要求的精度	测量仪的示例
1mm	刻度尺、卷尺、规尺
0.02mm	游标卡尺
0.01mm	千分尺、千分表、移位计/尺寸测量仪
0.001mm	移位计/尺寸测量仪、工具显微镜、3D 测量仪、电动测微计

1. 接触测量方法

（1）直接测量方法　直接测量方法采用的量具有游标卡尺、千分尺等。

① 游标卡尺。游标卡尺是一种测量长度、内外径、深度的量具，如图 2-46～图 2-48 所示。游标卡尺由尺身（主尺）和附在尺身上能滑动的游标尺两部分构成，尺身一般以毫米为单位，而游标尺上则有 10 个、20 个或 50 个分格，分别平分 9mm、19mm 和 49mm 的长度。根据分格的不同，游标卡尺可分为十分度游标卡尺、二十分度游标卡尺、五十分度游标卡尺等，其分度值分别为 0.1mm、0.05mm、0.02mm。游标卡尺的尺身和游标尺上有两副活动量爪，分别是内测量爪和外测量爪，内测量爪通常用来测量内径，外测量爪通常用来测量长度和外径。

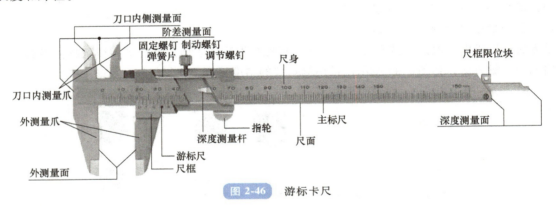

图 2-46　游标卡尺

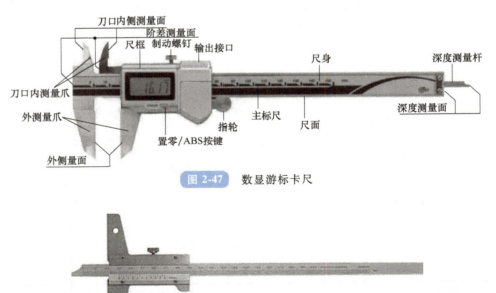

图 2-47　数显游标卡尺

图 2-48　深度游标卡尺

② 千分尺。千分尺又称螺旋测微仪、分厘卡，是比游标卡尺更精密的测量长度的工具，用它测长度可以精确到 0.01mm，测量范围为几个厘米。当测微螺杆（螺距为 0.5mm）在固

定套管的螺套中转动时，将前进或后退，微分筒和螺杆连成一体，其周边等分成 50 个分格。螺杆转动的整圈数由固定套管上间隔 0.5mm 的刻线测量，不足一圈的部分由活动套管周边的刻线去测量，最终测量结果需要估读一位小数。千分尺按使用对象不同可分为外径千分尺、内径千分尺、深度千分尺、壁厚千分尺、螺纹千分尺等，如图 2-49～图 2-53 所示；按显示方法可分为普通千分尺、带表千分尺、数显千分尺等。

接触式测量可以直接接触工件表面，故与工件表面的反射特性、颜色及曲率关系不大。接触式探头技术发展了几十年，其机械结构与电子系统已相当成熟，故有非常高的准确性和可靠性。将被测物体固定在三坐标测量机上，并配合测量软件，可精确测量出物体的几何形状，如面、圆、圆柱、圆锥、圆球。三坐标测量仪如见图 2-54 所示。

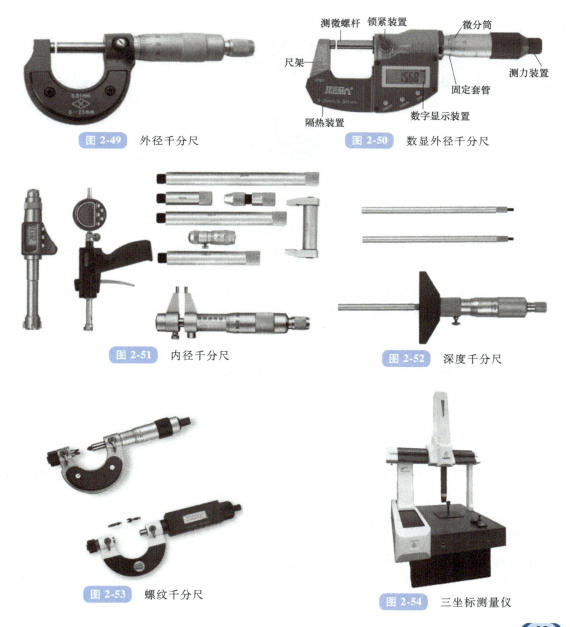

图 2-49　外径千分尺

图 2-50　数显外径千分尺

图 2-51　内径千分尺

图 2-52　深度千分尺

图 2-53　螺纹千分尺

图 2-54　三坐标测量仪

（2）间接测量方法　间接测量方法主要采用杠杆千分表、百分表等比较测量零件与量块、环规等的差值，量具主要有内径百分表、卡规等，如图 2-55～图 2-58 所示。

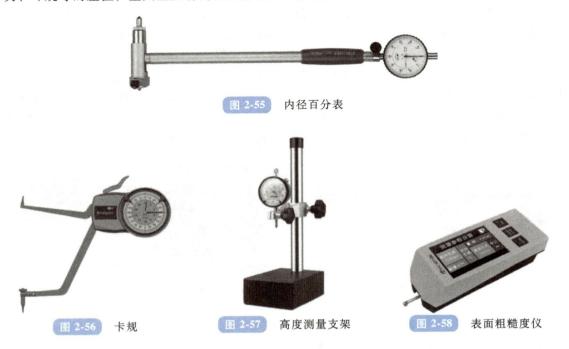

图 2-55　内径百分表

图 2-56　卡规　　　　图 2-57　高度测量支架　　　　图 2-58　表面粗糙度仪

2. 非接触测量方法

非接触测量具有测量速度非常快，不必像接触式触发探头那样逐点进行测量；不必进行探头半径补偿，因为激光光点位置就是工件表面的位置；软工件、薄工件、不可接触的高精度工件可直接测量。

（1）气动量仪　气动测量方法是以空气为介质，通过气体的流量或者压力的变化来表征被测物体几何尺寸的微小变化，并且结合标准规表现变化量的数值大小。气动测量方法属于非接触测量、比较测量。气动测量主要使用气动量仪（图 2-59）来实现。现今，气动量仪已经成为发动机轴孔内径测量的主要测量工具。测量时，将气动量仪插入被测孔内，气流通过量仪的喷嘴流经量仪与被测孔内壁之间的间隙，间隙大小的改变，引起气体压力或者气体流量的改变，通过监测气体压力或者流量值的变化即可测定被测孔内径的大小。

（2）典型的非接触测量方法　如激光三角法、电涡流法、超声测量法、机器视觉测量等，图 2-60 所示为影像测量仪。

（二）套筒类零件精度的检测

套筒类零件精度的检测主要包括形状精度、尺寸精度和位置精度。套筒类零件的精度检测应按一定顺序进行，先检测形状精度，然后检测尺寸精度，最后检测位置精度，这样可以判明和排除不同性质误差之间对测量精度的干扰。

1. 形状精度检测

套筒类零件的形状精度主要是指内圆表面的圆度、圆柱度误差。

圆度误差为同一横截面内最大直径与最小直径之差的一半，一般用千分尺按照测量直径的方法即可测量，精度高的工件需要用比较仪检验。圆柱度误差是指轴向多个横截面内的最大直径与最小直径之差的一半，同样可以用千分尺检验。长度不大而精度较高的工件，也可用比较仪检验。

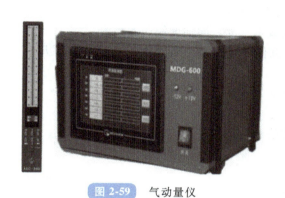

图 2-59 气动量仪

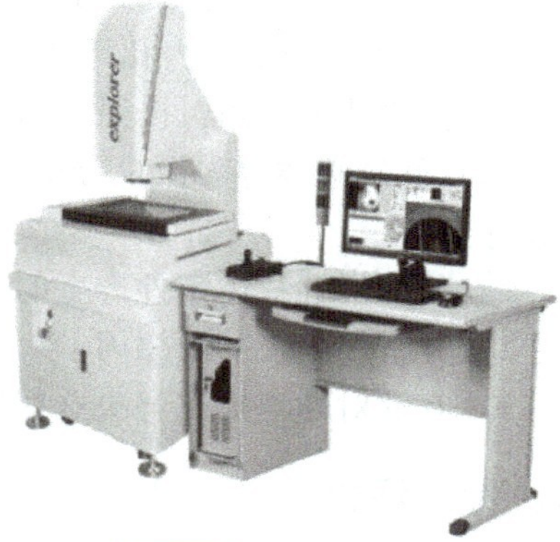

图 2-60 影像测量仪

2. 尺寸精度检测

在单件小批生产中，套筒类的直径一般用外径千分尺、内径千分尺检测；套筒长度可用游标卡尺检测。大批量生产中，套筒的直径可用气动量仪检测；套筒长度可用高度测量仪检验。

3. 位置精度检测

为提高检验精度和缩短检验时间，位置精度检验多采用专用检具，垂直度误差可用 V 形块加高度测量支架进行检测；同轴度、跳动等误差可以采用图 2-61 所示专用检具检测。

三、实施过程

1. 实施环境和条件

（1）场地 实训基地或理实化一体教学车间、气缸缸体零件图、检验实训用表。

图 2-61 套筒同轴度检测

（2）量具 游标卡尺、内径千分尺、高度测量仪、外径千分尺、V 形块、百分表、表面粗糙度对照样板等。

2. 实施要求

1）准确使用各类检测量具。

2）检验气缸缸体各外圆的表面粗糙度。

3）检验零件的尺寸精度、形状精度、位置精度。

3. 实施步骤

（1）气缸缸体形状精度、尺寸精度和位置精度检测

1）形状精度检测。将被测气缸缸体放在铸铁平台上，靠近固定 V 形块，用百分表测量缸体同一截面内表面六个位置的直径，取最大直径与最小直径之差的一半作为该截面的圆度误差。按上述方法，分别测量五个不同截面，取五个截面的圆度误差中的最大值作为该被测

缸体的圆度误差；取各截面内测得的所有读数中的最大与最小读数值差值的一半作为该被测缸体的圆柱度误差。

2）尺寸精度检测。气缸缸体长度尺寸测量可采用 0~150mm 游标卡尺，外圆尺寸采用外径千分尺进行测量，内孔尺寸采用内径千分尺进行测量。

3）位置精度检测。按照前面所述方法，完成垂直度、同轴度等误差检测。

（2）气缸缸体零件质量分析　通过对气缸缸体零件检测，对其加工质量按以下几个方面进行分析：

1）列出气缸缸体零件产生的各种质量问题。

2）分析产生废品的原因。

3）有针对性地提出解决这些质量问题的方法和对策。

四、考核评价（表 2-9）

表 2-9　考核评价表（任务 2）

序号	评分项目	评分标准	分值	检测结果	得分
1	准确使用各类检测工具	正确使用检具	20		
2	尺寸精度的检测	每个 2 分	20		
3	形状精度的检测	每个 5 分	20		
4	位置精度的检测	每个 5 分	20		
5	质量缺陷的分析		20		

▷▷【项目拓展】

国产航空器部件加工的极限公差——"文墨精度"

航空工业沈阳飞机工业（集团）有限公司标准件中心的钳工方文墨，是中国航母舰载机的一线工作者，他拥用以自己名字命名的国产航空器零部件加工的极限公差——"文墨精度"。20 年来，凭借一双手、一把刀，方文墨成功缩小了我国与发达国家航空工业的差距，保证了国产战机制造的高精度、高质量、高效率。

2022 年 6 月的一天，方文墨所在的班组接到"紧急求助"：公司科研团队在进行科研攻关时，一个关键工件出现变形，如果无法及时校正，将影响机型整体装配进度，造成重大责任事故。攻关组请教了全厂所有的老师傅都没有得到理想的结果。于是，重担落在了航空工业首席技能专家——方文墨的肩上。接过工件的方文墨一言不发，双手在工件的各个角度之间辗转徘徊。时间一分一秒地过去了，整个班组的成员都屏气凝神，目光焦虑。在一番深度思考后，方文墨拿出锤子小心翼翼地对工件进行敲击，随后将工件置于锉刀之下，开始反复锉磨。随着时间的推移，工件在他手中如魔方般不断变幻。分分秒秒过去，这个问题工件在没有裂纹也没有破碎的情况下，在方文墨的手中成功实现校正，并一举攻破了国家重点项目中存在的技术难关，保证了该型军品科研如期完成。"一丝一道中，方得技工始终；一锤一锉中，铸就大国梦想。"方文墨用自己的双手打磨出航空零件的精度，更用一名航空蓝领青年的志向与毅力，打磨着自己的人生精度。

20 多岁时就经过 3 次破格晋升，成为沈飞公司历史上最年轻的高级技师，29 岁成为航空工业最年轻的首席技能专家，34 岁享受国务院政府特殊津贴，38 岁荣获国家高技能人才最高奖——中华技能大奖，方文墨将精彩写进青春，照亮中国的航空强国梦想。作为劳动模范代表和优秀青年代表，方文墨在 2013 年 5 月 4 日和 2016 年 4 月 26 日两次受到习近平总书记的亲切接见。2022 年 11 月 12 日，习近平总书记回信首批航空工业沈飞罗阳青年突击队队员代表，方文墨是首批 12 名写信代表之一。

在很多人看来，钳工岗位枯燥乏味，但在方文墨眼中，钳工岗位是一个充满艺术灵感和生命活力的世界，通过打磨、加工，会赋予冰冷的零件以温度与情感。从一个青葱少年的普通钳工，成长为一名频获嘉奖的航空"钳工大咖"，从制作简单的零部件到高难度的航空复杂件，方文墨一步一个脚印，出色地完成每一项生产任务。20 年里，方文墨有一大半的休息日都留在了车间，他脚踏实地踩实前方的每一步路，用工匠精不负"航空强国时代的领跑者"。

梦想"做世界上最好的歼击机"，方文墨带领"90 后"和"00 后"冲击梦想新高度。他的徒弟们也陆续成为"罗阳青年突击队"的新队员，成为"文墨精度"的实践者和更高精度的创造者。经过十多年的探索实践，沈飞研制生产的重型歼击机以高机动性、精准打击的优越性能，成为我国航空武器装备中至关重要的杀手锏。而方文墨的"冠军班"也幸运地参与了这一历程。试飞的新战机又一次掠过头顶，熟悉的声音仍能激荡方文墨的心。不同的是，他早已不是只能仰望战机的小男孩，他成了战机的制造工匠。曾经，方文墨立志成为"全国最好的钳工"，他说这其实是他梦想的前半句话，下半句是，带领他的徒弟们，做世界上最好的歼击机，用青春托起国产战机的新高度。

项目训练 1

1）套筒加工方法有哪些？

2）套筒检测量具有哪些？

3）尺寸链基本组成要素有哪些？

项目训练 2

编写图 2-62 所示铜套的加工工艺，并分析工艺过程。

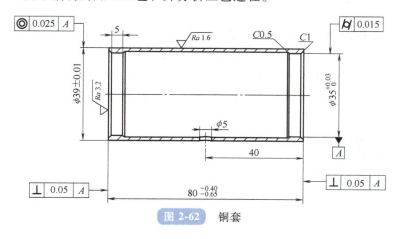

图 2-62　铜套

项目三

箱体类零件加工工艺的设计与实施

【项目目标】

知识目标

1. 了解箱体类零件的功能、结构特点、技术要求及常用加工设备。
2. 掌握箱体类零件加工的原则与方法。
3. 掌握箱体类零件的加工质量分析方法。

能力目标

1. 能根据箱体的类型制订其适用的加工工艺。
2. 具有编制简单箱体类零件机械加工工艺过程卡的能力。
3. 能对加工的箱体进行加工质量分析。

素养提升目标

1. 学习箱体类零件常用加工设备，培养学生热爱中国制造、甘于奉献的职业素养。
2. 认真探究箱体类零件加工工艺过程，培养学生严谨细致的敬业精神。
3. 激发学生自主学习兴趣，培养学生的团队合作和创新精神。

【项目导读】

　　箱体类零件是机器或部件的基础零件，它将机器或箱体部件中的轴、轴承、套和齿轮等零件按一定的相互位置关系装连在一起，使其按一定的传动关系协调地运动。箱体类零件的加工质量将直接影响机器或部件的精度、性能及寿命，然而其结构类型多种多样，加工部位多，加工难度大。怎样实现箱体类零件的加工以达到装配精度的要求，是本项目要解决的问题。

【任务描述】

　　学生以企业制造部门产品制造工艺员的身份进入箱体类零件加工工艺模块，根据产品的特点制订合理的加工工艺路线。首先了解箱体类零件的基本知识，制订加工工艺规程的原则和步骤。其次对箱体类零件进行工艺分析，确定产品的加工方法、定位基准及选用设备。最后确定各加工过程的安排、检测量具的选用及其检验项目等内容。通过对箱体类零件工艺规程的制订，对编制工艺过程中存在的问题进行研讨和交流。

【工作任务】

按照箱体类零件图样要求，了解箱体类零件加工工艺的基本内容；确定合理的工艺过程，选用适用的加工设备与检测工具；确定零件加工的工艺路线；完成工艺规程制订。

【相关知识】

一、箱体类零件概述

1. 箱体类零件的功用及其结构特点

箱体类零件是机器或部件的基础零件，一般起支承、容纳、零件定位等作用。它将机器或部件中的轴、套、齿轮等有关零件组装成一个整体，使它们之间保持正确的空间位置，并按照特定的传动关系协调地传递运动或动力。因此，箱体类零件的加工质量将直接影响机器或部件的精度、性能及寿命。

常见的箱体类零件有：机床主轴箱箱体、机床进给箱箱体、变速箱体、减速箱体、发动机缸体和机座等。根据箱体类零件的结构不同，可分为整体式箱体和分离式箱体两大类。前者是整体铸造、整体加工，加工较困难，但装配精度高；后者的部件可单独制造，便于加工和装配，但增加了装配工作量。

箱体类零件的结构类型多种多样，零件内、外结构复杂，常由薄壁围成不同的空腔，箱体上还常有支承孔、凸台、放油孔、安装底板、肋板、销孔和螺栓孔等结构。图3-1所示为涡轮减速器箱体的立体结构。箱体类零件的加工部位多，加工难度大，既有精度要求较高的平面和孔系，也有许多精度要求较低的紧固孔。一般中型机床制造厂用于箱体类零件的机械加工劳动量约占整个产品加工量的15%~20%。

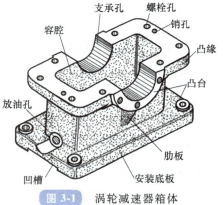

图3-1　涡轮减速器箱体

2. 箱体类零件的技术要求

（1）主要平面的精度　平面加工精度包括平面的形状精度与相互位置精度。箱体的主要平面作为装配基准，并且一般是加工时的定位基准，要求具有较高的平面度精度。否则，直接影响箱体加工时的定位精度，影响箱体与机座总装时的接触刚度和相互位置精度。通常规定底面和导向面必须平直和相互垂直，一般箱体主要平面的平面度公差为0.03~0.1mm，各主要平面对装配基准面的垂直度公差为0.1mm/300mm。

（2）孔径精度　孔径精度包括孔的尺寸精度与几何精度，其误差将影响轴承与箱体孔的配合精度，使轴的回转精度下降，也易使传动件（如齿轮）产生振动和噪声。一般机床主轴箱箱体的主轴支承孔的尺寸公差等级为IT6，其余支承孔则为IT6~IT7，圆度、圆柱度公差不超过孔径公差的1/2。

（3）孔与孔的位置精度　同一轴线的孔应有一定的同轴度要求，各支承孔之间也有一定的孔距尺寸精度及平行度要求，否则，不仅装配有困难，也会使轴的运转情况恶化，温度升高，轴承磨损加剧，齿轮啮合精度下降，引起振动和噪声，影响齿轮寿命。支承孔之间的孔距公差为 $0.05 \sim 0.12\text{mm}$，平行度公差应小于孔距公差，一般在全长取 $0.04 \sim 0.1\text{mm}$。同一轴线上孔的同轴度公差一般为 $\phi0.01 \sim \phi0.04\text{mm}$。

（4）孔与平面的位置精度　孔和平面的位置精度主要规定重要孔和箱体安装基面的平行度要求，支承孔与主要平面的平行度公差一般为 $0.05 \sim 0.1\text{mm}$。

（5）表面粗糙度　重要孔和主要平面的表面粗糙度会影响连接面的配合性质或接触刚度。一般箱体装配基准面和定位基准面的表面粗糙度 Ra 值为 $0.8 \sim 3.2\mu\text{m}$，其他平面的表面粗糙度 Ra 值为 $1.6 \sim 12.5\mu\text{m}$。重要支承孔的表面粗糙度 Ra 值为 $0.4 \sim 0.8\mu\text{m}$，其余支承孔的表面粗糙度 Ra 值为 $0.8 \sim 3.2\mu\text{m}$。

3. 箱体类零件的材料、毛坯

铸铁较易成型且具有良好的切削性、吸振性和耐磨性，常被用作箱体类零件材料。一般选用牌号为 HT200 ~ HT350 的灰铸铁，常用 HT200。结构小而承受较大负载的箱体可选用铸钢件，其成本比铸铁件高出许多。在单件小批生产条件下，形状简单的箱体也可采用钢板焊接而成。对于某些特定场合，也可采用其他材料，如坐标镗床主轴箱选用耐磨铸铁，飞机发动机箱体为减轻重量选用镁铝合金。

铸件毛坯在铸造时要防止砂眼与气孔的产生，应使箱体的壁厚尽量均匀，减少铸造过程产生的残余应力。毛坯的加工余量与生产数量、毛坯尺寸、结构、精度和铸造方法等因素有关。铸件毛坯的造型方式一般与生产数量有关。铸件毛坯在单件小批量生产时，常采用手工木模造型，毛坯精度较低，余量大；在大批量生产时，常采用金属模造型，毛坯精度较高，加工余量可适度减少。根据工厂生产的经验值，一般平面的加工总余量为 6 ~ 12mm，孔半径方向的总余量为 5 ~ 15mm，采用手工木模造型时应取大值。单件小批量生产孔径大于 50mm 的孔、成批生产孔径大于 30mm 的孔，一般会铸出底孔，以减小加工余量。铝合金箱体则常采用压铸制造，毛坯精度很高，加工余量很小。

二、箱体类零件加工工艺

1. 箱体类零件的加工方法

（1）箱体平面加工方法的选择　平面的加工方法有车削、铣削、刨削、拉削、磨削、刮研、研磨、抛光、超精加工等。箱体平面常用的加工方法为刨削、铣削和磨削三种。

动画：端铣方式：对称铣削

动画：端铣方式：不对称铣削（顺铣）

动画：端铣方式：不对称铣削（逆铣）

1）铣削加工。铣削生产率高于刨削，在中批以上生产中多用铣削加工平面，当加工尺寸较大的箱体平面时，常在多轴龙门铣床上用几把铣刀同时加工几个平面，加工如图 3-2 所示，这样既能保证平面间的相互位置精度，又提高了生产率。铣削加工的表面粗糙度 Ra 值可达 $0.05\mu\text{m}$。

2）刨削加工。刨削常用作平面的粗加工和半精加工，但在加工较大平面时，生产率低，主要适用于单件小批生产。箱体平面刨削加工如图 3-3 所示。而在龙门刨床上可以利用几个刀架，在一次装夹中可以同时进行或依次完成若干个表面的加工，从而能经济地保证这些表面间的相互位置精度要求。另外，精刨还可以代替刮削，精刨后的表面粗糙度 Ra 值可达 $1.6\mu m$，平面度公差可达 $0.002mm/m$。

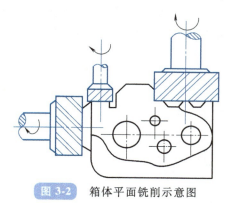

图 3-2 箱体平面铣削示意图

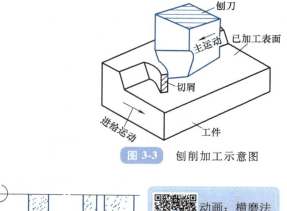

图 3-3 刨削加工示意图

3）磨削加工。平面磨削的加工质量比刨削、铣削都高，箱体平面磨削加工如图 3-4 所示。磨削表面的表面粗糙度 Ra 值可达 $0.012\mu m$。生产批量较大时，箱体的主要平面常用磨削来精加工。为了提高生产率和保证平面间的相互位置精度，还可以采用组合磨削来精加工平面。

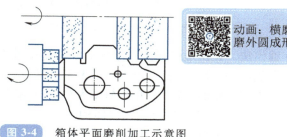

图 3-4 箱体平面磨削加工示意图

动画：横磨法磨外圆成形面

箱体主要平面的加工，对于中、小件，一般在牛头刨床或普通铣床上进行；对于大件，一般在龙门刨床或龙门铣床上进行。刨削的刀具结构简单，机床成本低，调整方便，但生产率低；在大批、大量生产时，多采用铣削；当生产批量大且精度要求较高时可采用磨削。单件小批生产精度较高的平面时，除一些高精度的箱体仍需手工刮研外，一般采用宽刃精刨。当生产批量较大或为保证平面间的相互位置精度，可采用组合铣削和组合磨削。

（2）箱体孔系加工方法的选择　箱体上一系列对相互位置有精度要求的孔的组合，称作孔系。孔系可分为平行孔系、同轴孔系与交叉孔系，如图 3-5 所示。孔系加工不仅要求较高的孔本身加工精度，而且对孔间距精度及相互位置精度要求也较高，因此保证孔系的加工精度是箱体加工的关键。由于箱体的结构特点，孔系的加工方法多采用镗孔。

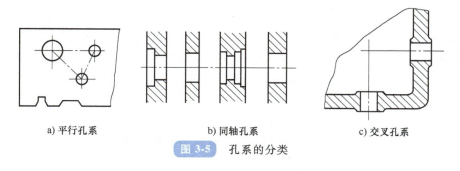

a) 平行孔系　　　　b) 同轴孔系　　　　c) 交叉孔系

图 3-5 孔系的分类

1）平行孔系加工。平行孔系的精度要求主要是各孔轴线之间及轴线与基准面之间的尺寸精度和轴线间的平行度等几何精度。可以通过以下几种方法保证平行孔系的精度要求：

① 找正法。采用辅助装置来确定各个被加工孔的正确位置，如划线找正、心轴和量块找正等，找正方法如图 3-6 所示。划线找正时间较长、生产率低，孔距加工精度一般为 ±0.5mm。用量块找正有可能获得较高的孔距精度，孔距精度可达 ±0.3mm，但对操作者的技术要求较高，所需辅助时间较长。找正法所需设备简单，适用于单件、小批量生产。

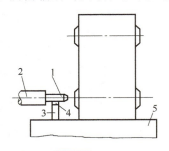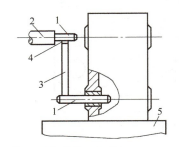

图 3-6　用心轴和量块找正（第一工位和第二工位）

1—心轴　2—镗床主轴　3—量块　4—塞尺　5—镗床工作台

② 镗模法。镗模是引导镗刀杆在工件上镗孔用的机床夹具，利用镗模板上的孔系保证箱体孔系的位置精度，镗杆与镗床主轴多采用浮动连接，以减小机床主轴的回转精度对加工精度的影响。用镗模法加工的孔距精度为 0.1mm 左右，如图 3-7 所示。

③ 坐标法。首先将被加工孔之间的孔距尺寸换算为两个相互垂直的坐标尺寸，然后精确地调整机床主轴与工件在水平和垂直方向的相对位置，以间接保证孔距精度。为保证工作台和主轴的位移精度，必须在镗床上加上坐标测量装置。根据坐标镗床上的坐标读数精度不同，坐标法能达到的孔距精度为 0.005 ~ 0.1mm，精度较高，但生产率较低，适用于单件、小批量生产。

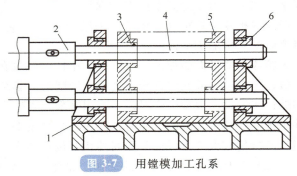

图 3-7　用镗模加工孔系

1—镗架支承　2—镗床主轴　3—镗刀
4—镗杆　5—工件　6—导套

④ 数控法。数控法的加工原理来源于坐标法。按加工要求编写指令程序，由数控系统按指令完成加工，精度和生产率大大提高，当加工对象改变时，只要改变程序，即可令机床按新的程序工作，可适应各种生产类型。数控加工一般在数控铣镗床或铣镗加工中心上进行，能保证孔距精度为 ±0.01mm。

2）同轴孔系加工。在成批生产中，常采用镗模加工箱体同轴孔系，以保证其轴线的同轴度精度。在单件小批生产时，一般不采用镗模，常采用如下方法保证其轴线孔的同轴度要求。

① 利用已加工孔作支承导向。在加工好的箱体前壁孔内装一个导向套，对镗杆起支撑和引导作用，如图 3-8 所示。它适用于加工壁间距较小的箱体同轴孔。

② 利用镗床后立柱作支承导向。镗床后立柱上的导向套作支承导向，可解决因镗杆悬臂过长而挠度大进而影响同轴度的问题。这种方法需用较长的镗杆，而且调整后立柱导套比较麻烦、费时，通常适用于大型箱体的孔系加工。

③ 当箱体壁相距较远时，可采用调头镗。工件在一次装夹中镗好一端后，将工作台回转180°，调整工作台位置，使已加工孔与镗床主轴同轴，然后再加工孔。调头镗不用夹具和长刀杆，准备周期短，镗杆悬伸长度短，刚度好。但需要调整工作台的回转误差和调头后主轴应处于的正确位置，比较麻烦且费时。调头镗的调整方法如下：使工作台回转轴线与机床主轴轴线相交，定好坐标原点。其方法如图3-9a所示，将百分表固定在工作台上，回转工作台180°，分别测量主轴两侧，使其误差小于0.01mm，记下此时工作台在 x 轴上的坐标值作为原点的坐标值。调整工作台的回转定位误差，保证工作台精确地回转180°。其方法如图3-9b所示，先使工作台紧靠在回转定位机构上，在台面上放一平尺，通过装在镗杆上的百分表找正平尺一侧面后将其固定，再使工作台回转180°，测量平尺的另一侧面，调整回转定位机构，使其回转定位误差小于0.02mm/1000mm。

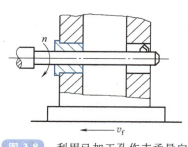

图 3-8 利用已加工孔作支承导向

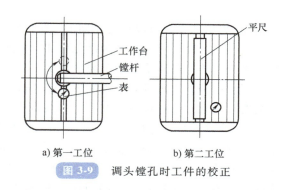

a) 第一工位　　　　　　b) 第二工位

图 3-9 调头镗孔时工件的校正

3）交叉孔系加工。对于交叉孔系，主要控制有关孔的垂直度，保证各孔轴线的交叉角度（多为90°）。成批生产时，交叉角都是由镗模来保证；单件、小批量生产时，交叉角用镗床回转工作台的转角来保证。

在卧式铣镗床上，主要靠机床工作台上的90°对准装置。因为它是挡块装置，故结构简单，但对准精度低。每次对准时，需要凭经验保证挡块接触松紧程度一致，否则不能保证对准精度。所以，有时采用光学瞄准装置。当卧式铣镗床的工作台90°对准装置精度很低时，可用检验棒与百分表找正。即在加工好的孔中插入检验棒，然后将工作台转90°，摇动工作台用百分表找正，如图3-10所示。

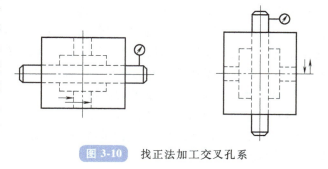

图 3-10 找正法加工交叉孔系

2. 箱体类零件的加工工艺特点

（1）基本工艺过程　箱体按结构类型可分为整体式箱体和分离式箱体两种。对于中小批生产的整体式箱体，工艺过程大致是：铸造→划线→平面加工→孔系加工→钻小孔→攻螺纹；对于大批大量生产的整体式箱体，工艺路线大致是：铸造→粗加工精基准平面及两工艺孔→粗加工其他各平面→精加工精基准平面→粗、精镗各纵向孔→加工各横向孔和各次要孔→（导轨表面淬火）→精加工导轨面→钳工去毛刺。分离式箱体的加工工艺过程为：先分别加工箱盖和底座的对合面、底面、紧固孔和定位销孔，然后合箱再加工轴承孔及其端面等。另外，铸件毛坯在毛坯成形时效后要涂防锈漆，以防止零件表面生锈。

（2）工艺原则　箱体类零件的工艺路线安排一般遵循以下原则：先面后孔的加工顺序，粗精加工分阶段进行，合理地安排热处理工序，工序集中、先主后次，合理选择定位基准。

1）先面后孔的加工顺序。箱体零件的加工顺序为先面后孔。箱体主要由平面和孔组成，这也是它的主要表面。先加工平面，后加工孔，是箱体加工的一般规律。因为主要平面是箱体在机器上的装配基准，先加工主要平面后加工支承孔，使定位基准与设计基准和装配基准重合，从而消除因基准不重合而引起的误差。另外，先以孔为粗基准加工平面，再以平面为精基准加工孔，这样可为孔的加工提供稳定可靠的定位基准，并且加工平面时切去了铸件的硬皮和凹凸不平，对后序孔的加工有利，可减少钻头引偏和崩刃现象，对刀调整也较为方便。

2）粗精加工分阶段进行。即加工阶段粗、精分开。箱体结构复杂，壁厚不均，刚性不好，而加工精度要求又高，为避免粗加工造成的内应力、切削力、夹紧力和切削热对加工精度的影响，故对箱体重要加工表面加工划分粗、精加工两个阶段，有利于保证箱体的加工精度。粗、精分开也可及时发现毛坯缺陷，避免造成更大的浪费；同时还能根据粗、精加工的不同要求来合理选择设备，有利于提高生产率。

3）合理安排热处理工序。工序间要合理安排热处理。箱体的结构特点决定了铸造会产生较大的残余应力。为了消除铸造后铸件中的内应力，在毛坯铸造后安排一次人工时效处理，有时甚至在半精加工之后还要安排一次时效处理，以便消除铸造内应力和切削加工时产生的内应力。对于特别精密的箱体，在机械加工过程中还应安排较长时间的自然时效（如坐标镗床主轴箱体）。对于人工时效处理的方法，除加热保温外，也可采用振动时效。

4）工序集中、先主后次。相互位置要求较高的孔系和平面，尽量集中在同一工序中加工，以保证相互位置精度及减少装夹次数；紧固螺纹孔、油孔等次要工序的安排，一般在平面支承孔等主要加工表面精加工之后再进行加工。

5）合理选择定位基准。箱体类零件的粗基准一般选择自身的重要孔，这样不仅可较好地保证重要孔及其他轴孔的加工余量均匀，还能较好确保各轴孔的轴线与箱体不加工表面的相互位置。箱体加工精基准的选择与生产批量大小有关。

3. 箱体类零件加工定位基准的选择

（1）粗基准的选择　在选择粗基准时，通常应满足以下几点要求：

① 在保证各加工面均有余量的前提下，应使重要孔的加工余量均匀，孔壁的厚薄尽量均匀，其余部位均有适当的壁厚。

② 装入箱体内的回转零件（如齿轮、轴套等）应与箱壁有足够的间隙。

③ 注意保持箱体必要的外形尺寸。此外，还应保证定位稳定，夹紧可靠。

为了满足上述要求，通常选用箱体重要孔的毛坯孔作为粗基准。由于铸造箱体毛坯时，形成主轴孔、其他支承孔及箱体内壁的型芯是装成一整体放入的，它们之间有较高的相互位置精度，因此不仅可以较好地保证轴孔和其他支承孔的加工余量均匀，而且还能较好地保证各孔的轴线与箱体不加工内壁的相互位置，避免装入箱体内的齿轮、轴套等旋转零件在运转时与箱体内壁相碰。

根据生产类型不同，实现以主轴孔为粗基准的工件安装方式也不一样。在单件、小批及中批生产时，一般毛坯精度较低，按上述办法选择粗基准，往往会造成箱体外形偏斜，甚至局部加工余量不够，因此通常采用划线找正的办法进行第一道工序的加工，即以主轴孔及其中心线为粗基准对毛坯进行划线和检查，必要时予以纠正，纠正后孔的余量应足够，但不一定均匀。其划线装夹方法如图 3-11 所示：首先将箱体用千斤顶安放在平台上，调整位置，使主轴孔轴线和 A 面与台面基本平行，D 面与台面基本垂直，根据毛坯的主轴孔划出主轴的水平线 Ⅰ—Ⅰ，在 4 个面上都要划出，作为第 1 找正线。划此线时需检查加工部位在水平方向是否均有加工余量。Ⅰ—Ⅰ线确定后，即划出 A 面和 C 面的加工线。然后将箱体翻转 90°，D 面朝下，将箱体置于 3 个千斤顶上，调整位置，使 Ⅰ—Ⅰ 线与台面垂直（用直角尺在两个方向上找正），根据毛坯的主轴孔并考虑各加工部位在垂直方向的加工余量，按照上述同样的方法划出主轴孔并考虑各加工部位在垂直方向的加工余量，划出垂直轴线 Ⅱ—Ⅱ 作为第 2 找正线，也在 4 个面全部划出。根据线 Ⅱ—Ⅱ 划出 D 面加工线。再将箱体翻转 90°，将 E 面朝下，将箱体置于 3 个千斤顶上，使线 Ⅰ—Ⅰ 和线 Ⅱ—Ⅱ 所在平面与台面垂直。根据凸台高度尺寸，先划出 F 面加工线，然后再划出 E 面加工线。加工箱体平面时，按线找正，装夹工件，就实现了以主轴孔为粗基准。

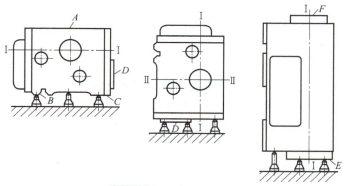

图 3-11 划线装夹方法

大批大量生产时，由于毛坯精度高，可以直接用箱体上的重要孔在专用夹具上定位，工件安装迅速，生产率高。具体采用图 3-12 所示的夹具装夹，先将工件放在支承上，依靠箱体侧面紧靠挡块、挡销进行工件预定位，然后操纵手柄将两个短轴伸入主轴孔中。依靠短轴上的活动支承，将工件抬起，使得主轴孔轴线与两短轴的轴线相重合，从而实现以主轴孔为粗基准定位。

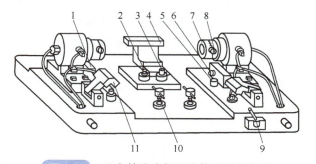

图 3-12 以主轴孔为粗基准铣顶面的夹具

1、3、5—支承 2—辅助支承 4—支架 6—挡销 7—短轴
8—活动支柱 9、10—操纵手柄 11—夹紧块

（2）精基准的选择 为了保证箱体零件孔与孔、孔与平面、平面与平面之间的相互位置和距离尺寸精度，箱体类零件精基准选择常用两种原则：基准统一原则和基准重合原则。

1）一面两孔（基准统一原则）。在多数工序中，箱体利用底面（或顶面）及其上的两孔作定位基准，加工其他的平面和孔系，以避免由于基准转换而带来的累积误差，如图 3-13 所示。

2）三面定位（基准重合原则）。箱体上的装配基准一般为平面，而它们又往往是箱体上其他要素的设计基准，因此以这些装配基准平面作为定位基准，避免了基准不重合误差，有利于提高箱体各主要表面的相互位置精度。

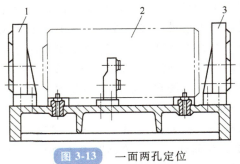

图 3-13 一面两孔定位

1、3—镗模夹具 2—箱体

由分析可知，以上两种定位方式各有优缺点，应根据实际生产条件合理确定。在中、小批量生产时，尽可能使定位基准与设计基准重合，以设计基准作为统一的定位基准。而大批量生产时，优先考虑的是如何稳定加工质量和提高生产率，由此而产生的基准不重合误差通过工艺措施解决，如提高工件定位面精度和夹具精度等。

另外，箱体中间孔壁上有精度要求较高的孔需要加工时，需要在箱体内部相应的地方设置镗杆导向支承架，以提高镗杆刚度。因此可根据工艺上的需要，在箱体底面开一矩形窗口，让中间导向支承架伸入箱体。产品装配时，窗口上加密封垫片和盖板用螺钉紧固。这种结构已被广泛认可和采纳。

4. 箱体类零件结构工艺性分析

箱体类零件的结构形状比较复杂，不同的结构形状和使用要求有其不同的结构工艺性。下面从机械加工的角度，分析箱体类零件结构工艺性的共性问题。

（1）基本孔 箱体上的孔通常有通孔、阶梯孔、盲孔和相交孔等。通孔最为常见，其中以短圆柱孔为多。在通孔中，孔长 L 与孔径 D 之比 $L/D<1.5$ 的短圆柱孔工艺性最好（箱体外壁上多为这种孔）。阶梯孔的工艺性与"孔径比"有关，孔径相差越小，则工艺性越好；孔径相差越大，且其中最小孔径又很小，则工艺性越差，即存在较大的内端面时，则一般情况下，锪镗内端面比较困难，难以达到精度和表面粗糙度的要求。阶梯孔如图 3-14 所示。

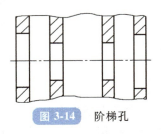

图 3-14 阶梯孔

相贯通的交叉孔的工艺性也较差，如图 3-15 所示，为改善工艺性，可将其中直径小的孔不铸通，先加工主轴大孔，再加工小孔。

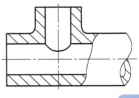
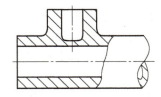

图 3-15 交叉孔

盲孔的工艺性最差，不易加工，在精镗或精铰盲孔时，要用手动送进，其内端面更难加工，故盲孔的工艺性差，设计时应尽量避免。若结构上允许，可将盲孔钻通而改成阶梯孔，以改善其工艺性。

（2）同轴线上的孔　同一轴线上孔径的大小向一个方向递减时，可使镗孔时镗杆从一端伸入，逐个加工或同时加工同轴线上的几个孔，以保证较高的同轴度和生产率。

为使同轴线的各孔能同时加工，必须使相邻两孔的直径差大于加工余量，否则刀具无法通过前孔到达后孔的加工位置。此外，在设有中间导向时，如图 3-16 所示，除导套直径 D_2 应小于前孔尺寸 D_1 减去余量外，后孔尺寸 D_3 也应小于导套尺寸 D_2，以免刀具刮伤中间导套。

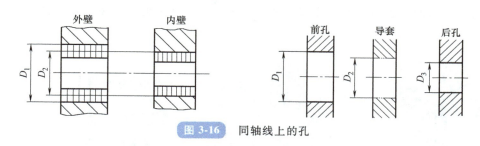

图 3-16　同轴线上的孔

同轴线上的孔的直径大小从两边向中间递减时，可使刀杆从两边进入箱体，加工同轴线上各孔，这样不仅缩短了镗杆的长度，提高了镗杆的刚性，而且为双面同时加工创造了条件，所以大批大量生产的主轴箱，常采用此种孔径分布形式。同轴线上孔的直径的分布形式，应尽量避免中间隔壁上的孔径大于外壁上的孔径。因为加工这种孔时，要将刀杆伸进箱体后装刀、对刀，结构工艺性差。

（3）工艺孔　为加工或装配的需要，可增设必要的工艺孔。

（4）装配基准面　为便于加工和检验，箱体的装配基准面尺寸应尽量大，形状应尽量简单。

（5）凸台　箱体外壁上的凸台应尽可能在一个平面上，以便可以在一次走刀（进给）中加工出来，而无须调整刀具的位置，使加工简单方便。凸台如图 3-17 所示。

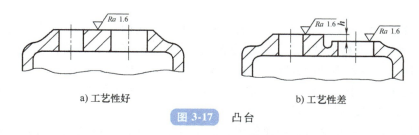

a) 工艺性好　　　　　　　　b) 工艺性差

图 3-17　凸台

（6）紧固孔与螺孔　箱体上的紧固孔和螺孔的尺寸规格应尽量一致，以减少刀具数量和换刀次数。此外，为保证箱体有足够的刚度与抗振性，应酌情合理使用肋板、肋条，加大圆角半径，收小箱口，加厚主轴前轴承口厚度。

三、箱体类零件常用加工设备

箱体类零件常用的平面加工设备有铣床、刨床、平面磨床等；孔加工设备有钻床、镗床等；既能加工面又能加工孔的加工设备有组合机床。

铣床结构
与应用

动画:铣键槽

1. 铣床

铣床主要指用铣刀对工件多种表面进行加工的机床。在铣床上可以加工平面（水平面、垂直面）、沟槽（键槽、T形槽、燕尾槽等）、分齿零件（齿轮、花键轴、链轮）、螺旋形表面（螺纹、螺旋槽）及各种曲面。此外，还可用于回转体表面、内孔加工及进行切断等。在铣床上工作时，工件装在工作台上或分度头等附件上，铣刀旋转为主运动，辅以工作台或铣头的进给运动，工件即可获得所需的加工表面。由于是多刃断续切削，因而铣床的生产率较高。铣床如图 3-18 所示。

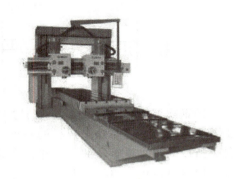

图 3-18 铣床

（1）按布局形式和适用范围分类

1）升降台铣床：有万能式、卧式和立式等，主要用于加工中小型零件，应用最广。

2）龙门铣床：包括龙门铣镗床、龙门铣刨床和双柱铣床，均用于加工大型零件。

3）单柱铣床和单臂铣床：前者的水平铣头可沿立柱导轨移动，工作台做纵向进给；后者的立铣头可沿悬臂导轨水平移动，悬臂也可沿立柱导轨调整高度。两者均用于加工大型零件。

4）工作台不升降铣床：有矩形工作台式和圆工作台式两种，是介于升降台铣床和龙门铣床之间的一种中等规格的铣床。其垂直方向的运动由铣头在立柱上升降来完成。

5）仪表铣床：一种小型的升降台铣床，用于加工仪器仪表和其他小型零件。

6）工具铣床：用于模具和工具制造，配有立铣头、万能角度工作台和插头等多种附件，还可进行钻削、镗削和插削等加工。

7）其他铣床：如键槽铣床、凸轮铣床、曲轴铣床、轧辊轴颈铣床和方钢锭铣床等，是为加工相应的工件而制造的专用铣床。

（2）按结构型式分类

1）台式铣床：小型的用于铣削仪器、仪表等小型零件的铣床。

2）悬臂式铣床：铣头装在悬臂上的铣床，床身水平布置，悬臂一般可沿床身一侧立柱导轨做垂直移动，铣头沿悬臂导轨移动。

3）滑枕式铣床：主轴装在滑枕上的铣床。

4）龙门式铣床：床身水平布置，其两侧的立柱和连接横梁构成门架的铣床。铣头装在横梁和立柱上，可沿其导轨移动。通常横梁可沿立柱导轨垂向移动，工作台可沿床身导轨纵向移动，用于大件加工。

5）平面铣床：用于铣削平面和成形面的铣床。

6）仿形铣床：对工件进行仿形加工的铣床。一般用于加工复杂形状的工件。

7）升降台铣床：具有可沿床身导轨垂直移动的升降台的铣床，通常安装在升降台上的工作台和滑鞍可分别做纵向、横向移动。

8）摇臂铣床：摇臂铣床也可称为炮塔铣床，摇臂铣床是一种轻型通用金属切削机床，具有立、卧铣两种功能，可铣削中、小零件的平面、斜面、沟槽和花键等。

9）床身式铣床：工作台不能升降，可沿床座导轨做纵向、横向移动，铣头或立柱可做垂直移动的铣床。

10）专用铣床：例如工具铣床，用于铣削工具、模具的铣床，加工精度高，工件形状复杂。

（3）按控制方式分类　可分为仿形铣床、程序控制铣床和数控铣床等。

2. 刨插床

刨床是用刨刀对工件的平面、沟槽或成形表面进行刨削的机床。刨床是使刀具和工件之间产生相对的直线往复运动来达到刨削工件表面的目的。往复运动是刨床上的主运动。机床除了有主运动以外，还有辅助运动，也称为进给运动，刨床的进给运动是工作台（或刨刀）的间歇移动。在刨床上可以刨削水平面、垂直面、斜面、曲面、台阶面、燕尾形工件、T形槽、V形槽，也可以刨削孔、齿轮和齿条等。如果对刨床进行适当的改装，刨床的适应范围还可以扩大。用刨床刨削窄长表面时具有较高的效率，它适用于中小批量生产和维修车间。

刨床结构与应用

刨床的种类不少，型号也很多，如图3-19所示。按其结构特征，大体可以分为以下几种：

图 3-19　刨床种类

（1）牛头刨床　主要用来刨削中、小型工件的刨床，工件长度一般不超过1m。工件装夹在可调整的工作台上或夹在工作台上的平口钳内，利用刨刀的直线往复运动（切削运动）和工作台的间歇移动（进给运动）进行刨削加工的。根据所能加工工件的长度，牛头刨床可分为大、中、小型三种：小型牛头刨床可以加工长度为400mm以内的工件；中型牛头刨床可以加工长度为400~600mm的工件；大型牛头刨床可以加工长度为400~1000mm的工件。

（2）龙门刨床　主要用于刨削大型工件上的大平面，尤其是长而窄的平面，一般可刨削的工件宽度达 1m，长度在 3m 以上，也可在工作台上装夹多个零件同时加工。龙门刨床的工作台带着工件通过门式框架做直线往复运动，空行程速度大于工作行程速度。横梁上一般装有两个垂直刀架，刀架滑座可在垂直面内回转一个角度，并可沿横梁做横向进给运动。龙门刨床是具有门式框架和卧式长床身的刨床。

（3）插床　插床又称立式刨床，主要是用来加工工件的内表面。它的结构与牛头刨床几乎相同，不同点主要是插床的插刀在垂直方向上做直线往复运动（切削运动），工作台除了能做纵、横方向的间歇进给运动外，还可以在圆周方向上做间歇的回转进给运动。

按传动方式的不同，刨插床有机械传动和液压传动两类，有机械传动的牛头刨床、龙门刨床和插床；液压传动的牛头刨床和插床。

3. 磨床

磨床是利用磨具对工件表面进行磨削加工的机床。大多数的磨床是使用高速旋转的砂轮进行磨削加工，少数的是使用磨石、砂带等其他磨具和游离磨料进行加工，如珩磨机、超精加工机床、砂带磨床、研磨机和抛光机等，磨床结构如图 3-20 所示。

磨床结构与应用

动画：磨削内圆的加工方式

动画：缓进给深磨削

图 3-20　磨床

随着高精度、高硬度机械零件数量的增加，以及精密铸造和精密锻造工艺的发展，磨床的性能、品种和产量都在不断地提高和增长。磨床可分为以下几种：

1）外圆磨床：主要用于磨削圆柱形和圆锥形外表面的磨床。

2）内圆磨床：主要用于磨削圆柱形和圆锥形内表面的磨床。

3）坐标磨床：具有精密坐标定位装置的内圆磨床。

4）无心磨床：工件采用无心夹持，一般支承在导轮和托架之间，由导轮驱动工件旋转，主要用于磨削圆柱形表面的磨床。

5）平面磨床：主要用于磨削工件平面的磨床，可加工包括弧面、平面、槽等的各种异形工件。

6）砂带磨床：用快速运动的砂带进行磨削的磨床。

7）珩磨机：主要用于加工各种圆柱形孔（包括光孔、轴向或径向间断表面孔、通孔、盲孔和多台阶孔），还能加工圆锥孔、椭圆形孔与摆线孔。

8）研磨机：用于研磨工件平面或圆柱形内、外表面的磨床。

9）导轨磨床：主要用于磨削机床导轨面的磨床。

10）工具磨床：用于磨削工具的磨床。

11）多用磨床：用于磨削圆柱、圆锥形内、外表面或平面，并能用随动装置及附件磨削多种工件的磨床。

12）专用磨床：从事对某类零件进行磨削的专用机床。按其加工对象又可分为花键轴磨床、曲轴磨床、凸轮磨床、齿轮磨床、螺纹磨床、曲线磨床等。

13）端面磨床：用于磨削齿轮端面的磨床。

4. 镗床

镗床是主要用镗刀对工件已有的预制孔进行镗削的机床。通常，镗刀的旋转为主运动，镗刀或工件的移动为进给运动。它主要用于加工高精度孔或一次定位完成多个孔的精加工，此外还可以从事与孔精加工有关的其他加工面的加工。使用不同的刀具和附件还可进行钻削、铣削，加工精度和表面质量要高于钻床。镗床是大型箱体零件加工的主要设备，如图 3-21 所示。

镗床结构与应用

图 3-21　镗床

镗床分为卧式镗床、落地镗床、精镗床和坐标镗床等类型。

（1）卧式镗床　特点是镗轴呈水平布置并做轴向进给，主轴箱沿前立柱导轨垂直移动，工作台做纵向或横向移动，进行镗削加工。卧式镗床是镗床中应用最广泛的一种，比较经济，主要用于箱体（或支架）类零件的孔加工及与孔有关的其他加工面的加工。镗孔公差等级可达 IT7，表面粗糙度 Ra 值为 $1.6 \sim 0.8 \mu m$。

（2）落地镗床　特点是工件固定在落地平台上，立柱沿床身纵向或横向运动，适宜加工尺寸和重量较大的工件。此外还有能进行铣削的铣镗床或进行钻削的深孔钻镗床。

（3）精镗床（金刚镗床）　特点是使用金刚石或硬质合金刀具，以很小的进给量和很高的切削速度镗削尺寸精度较高、表面粗糙度值较小的孔，主要用于大批量生产中。加工的工件具有较高的尺寸精度（IT6），表面粗糙度 Ra 值可达到 $0.2 \mu m$。

（4）坐标镗床　特点是具有精密的坐标定位装置，适于加工形状、尺寸和孔距精度要求都很高的孔，还可用以进行划线、坐标测量和刻度等工作，用于工具车间和中小批量生产中。

其他类型的镗床还有立式转塔镗铣床、深孔钻镗床和汽车、拖拉机修理用镗床等。

5. 钻床

钻床指主要用钻头在工件上加工孔的机床。通常钻头的旋转为主运动，钻头的轴向移动为进给运动。钻床结构简单，加工精度相对较低，可钻通孔、盲孔，更换特殊刀具，还可锪孔、铰孔或进行攻螺纹等加工。加工过程中工件不动，让刀具移动，将刀具中心对正孔中心，并使刀具转动（主运动）。钻床的特点是工件固定不动，刀具做旋转运动。钻床如图3-22所示。

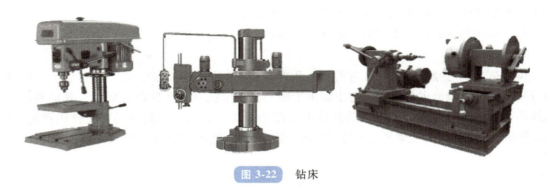

图 3-22　钻床

钻床及其应用

根据用途和结构不同，钻床可分为以下几种：

（1）立式钻床　工作台和主轴箱可以在立柱上垂直移动，用于加工中小型工件。

（2）台式钻床　简称台钻。一种小型立式钻床，最大钻孔直径为12~15mm，安装在钳工台上使用，多为手动进钻，常用来加工小型工件的小孔等。

（3）摇臂式钻床　主轴箱能在摇臂上移动，摇臂能回转和升降，工件则固定不动，适用于加工大而重及多孔的工件，广泛应用于机械制造中。

（4）深孔钻床　用深孔钻钻削深度比直径大得多的孔（如枪管、炮筒和机床主轴等零件的深孔）的专门化机床，为便于排除切屑及避免机床过于高大，一般为卧式布局，常备有冷却液输送装置（由刀具内部输入冷却液至切削部位）及周期退刀排屑装置等。

（5）中心孔钻床　用于加工轴类零件两端的中心孔。

（6）铣钻床　工作台可纵、横向移动，钻轴垂直布置，能进行铣削的钻床。

（7）卧式钻床　主轴水平布置，主轴箱可垂直移动的钻床。一般比立式钻床加工效率高，可多面同时加工。

6. 组合机床

数控机床的结构与应用

组合机床是指以系列化、标准化的通用部件为基础，再配以少量专用部件而组成的专用机床。这种机床既具有一般专用机床结构简单、生产率及自动化程度高、易保证加工精度的特点，又能适应工件的变化，具有一定的重新调整、重新组合的能力。组合机床可以对工件采用多刀、多面及多工位加工。它特别适于在大批、大量生产中对一种或几种类似零件的一道或几道工序进行加工。组合机床可完成钻孔、扩孔、铰孔、镗孔、攻螺纹、车、铣、磨、滚压等工序。

组合机床最适于加工箱体类零件，如气缸体、气缸盖、变速箱体、阀门与仪表的壳体等。这些零件的加工表面主要是孔和平面，几乎都可以在组合机床上完成。另外，轴类、盘类、套类及叉架类零件，如曲轴、气缸套、连杆、飞轮、法兰盘、拨叉等，也能在组合机床上完成部分或全部加工工序。

四、箱体类零件加工质量分析

1. 主要检验项目

一般箱体的主要检验项目可包括以下几个方面：①主要平面的精度；②孔径精度；③孔与孔的位置精度；④孔与平面的位置精度；⑤外观及表面粗糙度。

2. 检验方法

平面的直线度误差可用平尺和塞尺检验，也可用水平仪与桥板检验；平面的平面度误差可用水平仪与桥板检验或标准平板涂色检验。外孔的尺寸精度一般采用塞规检验，也可用内径千分尺和内径千分表等进行检验；若精度要求很高时，也可用气动量仪检验。孔系的位置精度包括孔轴线的同轴度、平行度、垂直度及孔距等，采用检验棒与检验套或采用用检验棒与百分表检验同轴度误差，采用游标卡尺或采用心轴与千分尺检验孔距精度。孔与平面的位置精度包括孔轴线与平面的平行度、垂直度等，可采用百分表或者着色法检验。外观检查只需根据工艺规程检查完工情况及加工表面有无缺陷即可。表面粗糙度值的检验，一般采用与光洁度样块相比较或目测评定，还可用专用测量仪检验。具体检验如图 3-23～图 3-26 所示。

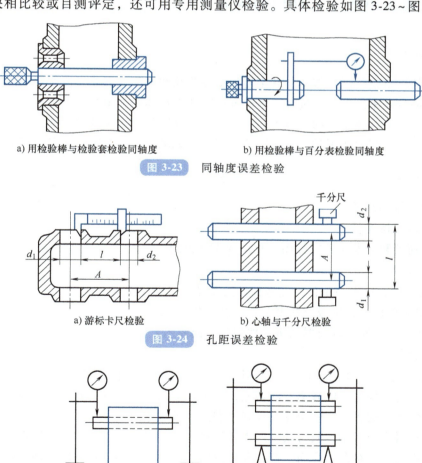

a) 用检验棒与检验套检验同轴度　　　　b) 用检验棒与百分表检验同轴度

图 3-23　同轴度误差检验

a) 游标卡尺检验　　　　b) 心轴与千分尺检验

图 3-24　孔距误差检验

a) 孔轴线对基准面的平行度测量方法　　　　b) 孔轴线之间的平行度

图 3-25　平行度检验

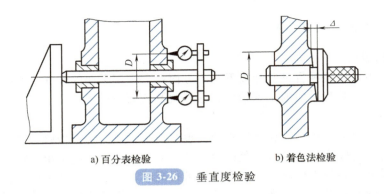

a) 百分表检验　　　　　　　　　　　b) 着色法检验

图 3-26　垂直度检验

【项目实施】

任务　减速器箱体工艺规程的编制

一、任务引入

箱体的结构复杂，形式多样，其主要加工面为孔和平面。因此，应主要围绕这些加工面和具体结构的特点来制订工艺过程。本任务以减速器箱体的加工为例。按照箱体类零件加工要求，了解减速器箱体工艺的基本内容，并分析零件图和确定零件的具体加工要求，选用适用的各类加工设备与检测工具，拟定工艺路线，完成减速器箱座零件工艺规程的制订。

二、实施过程

1. 实施环境和条件

（1）场地　授课教室。

（2）减速器箱座及箱盖零件图　见图 3-27 及图 3-28。

2. 实施要求

1）3 人一组，以组为单位，读懂部件的图样，识别关键要求。

2）以组为单位，讨论减速器箱座零件的工艺过程。

3）每组汇报，完成减速器箱座零件的工艺流程图。

3. 实施步骤

1）读懂减速器箱体的零件图，识别需要加工的主要平面及孔系列，确定加工精度要求。任务给出的零件为一级减速器的箱座，位于传动轴下部，其主要作用是支撑和定位轴系零件，保证传动件的正确安装位置及良好的润滑和可靠密封。

零件的材料为 HT200，灰铸铁生产工艺简单，铸造性能优良，减震性能良好。减速器箱体要加工的面包括：箱盖结合面、窥视孔台阶面、箱盖安装面、箱座结合面、箱座底面、箱座排油孔台阶面、轴承孔端面、输入轴承孔端面、输出轴承孔端面。此外，除了要镗轴承孔外，还要加工箱盖、箱座螺栓孔，箱盖窥视孔台阶面，箱座底面螺栓孔，油孔、油槽，箱盖、箱座定位销孔。

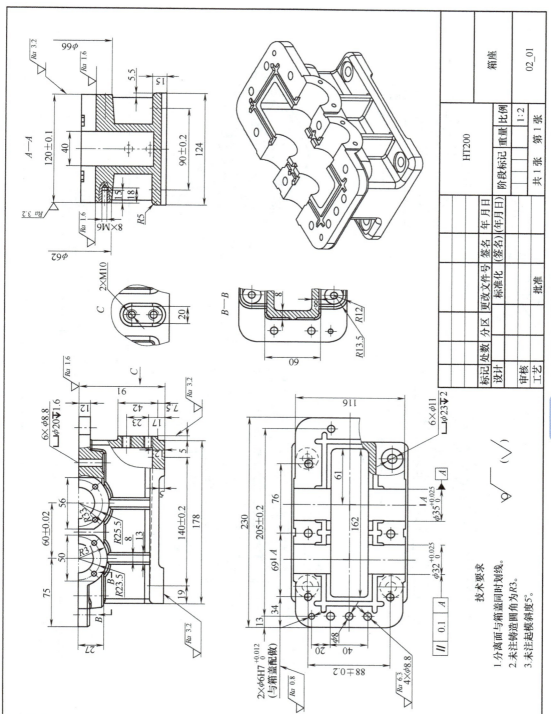

图3-27 减速器箱座零件图

技术要求
1.分离面与箱盖同时划线。
2.未注铸造圆角为R3。
3.未注起模斜度5°。

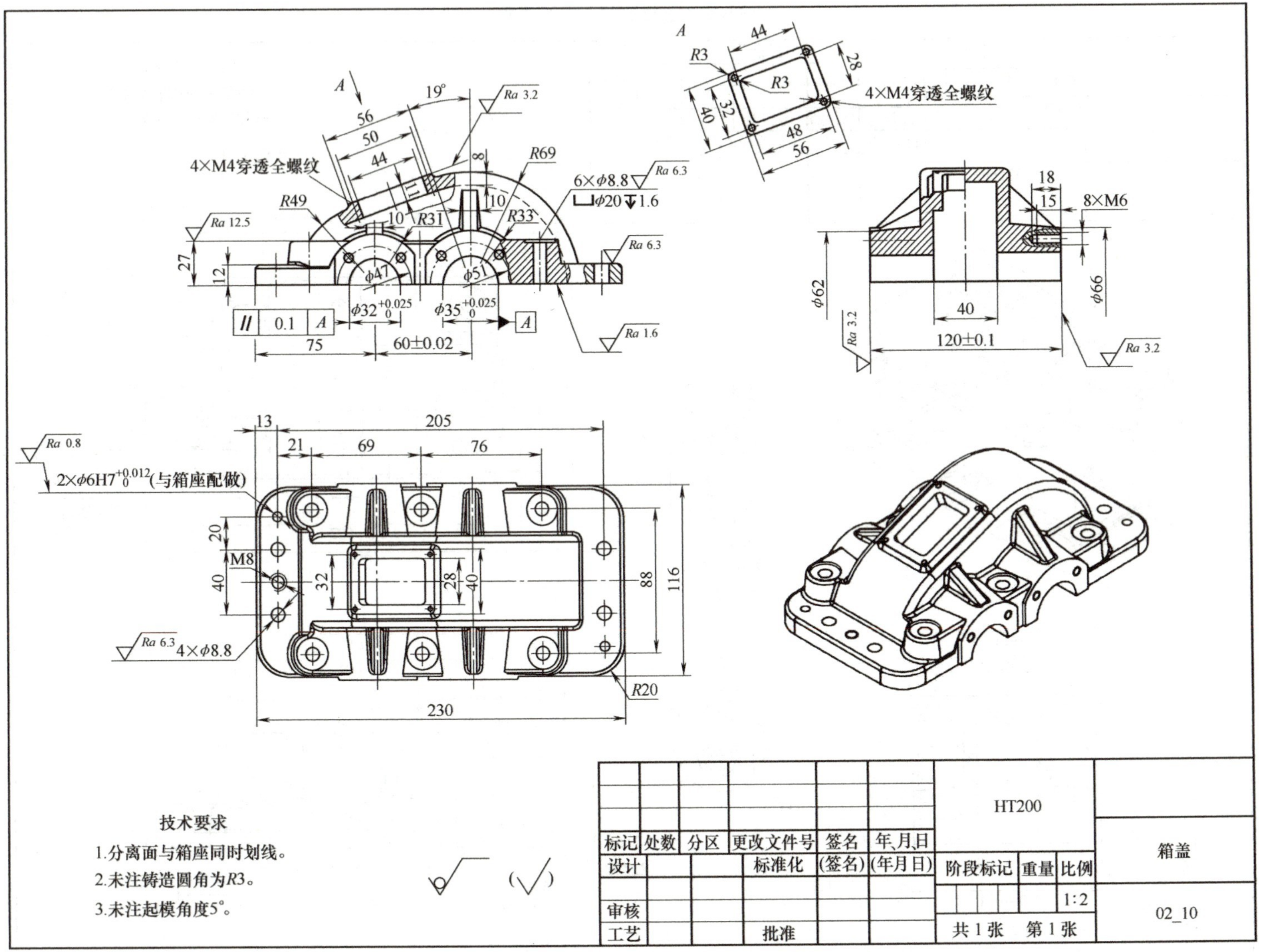

图 3-28　减速器箱盖零件图

技术要求
1. 分离面与箱座同时划线。
2. 未注铸造圆角为R3。
3. 未注起模角度5°。

2）确定毛坯种类、形状及尺寸。常用毛坯种类有铸件、锻件、焊件、冲压件，各种型材和工程塑料件等。在确定毛坯时，一般要综合考虑以下几个因素：零件的材料及力学性能要求、结构形状和外形尺寸、生产类型、采用新工艺的可能性。本任务中的减速器箱体是大批量的生产，材料为 HT200，采用铸造成形。

毛坯的尺寸等于零件的尺寸加上（对于外形尺寸）或减去（对内腔尺寸）加工余量。毛坯的形状尽可能与零件相适应。在确定毛坯时，要考虑经济性。虽然毛坯的形状尺寸与零件接近，可以减少加工余量，提高材料的利用率，降低加工成本，但这样可能导致毛坯制造困难，需要采用昂贵的制造设备，增加毛坯的制造成本。因此，毛坯的种类形状及尺寸的确定一定要考虑零件的成本，但要保证零件的使用性能。在毛坯的种类形状及尺寸确定后，必要时可据此绘出毛坯图。

3）确定工艺过程。在拟定工艺过程时，应考虑先面后孔，先粗后精，工序适当等原则。整个加工工艺过程可分为两大部分，第一部分是箱盖与箱座的分别加工，第二部分是合箱后的加工，两部分之间应安排钳工工序，钻定位孔，并打入定位销。具体工艺过程如下：

① 箱盖的加工工艺过程参见表 3-1。

表 3-1　箱盖的加工工艺过程

工序号	工序名称	工序内容
10	毛坯铸造	铸造箱盖毛坯，清砂
20	热处理	人工时效处理
30	钳	划各平面加工线
40	粗铣	粗铣箱盖结合面、安装面
50	钻	钻箱盖结合面螺栓孔
60	粗铣	粗铣窥视孔面
70	精铣	精铣窥视孔面至图样要求
80	钻	钻窥视孔面
90	攻螺纹	窥视孔面螺孔攻螺纹
100	锪平	锪平螺栓孔至图样要求
110	精铣	精铣安装面、结合面至图样要求
120	检查	按图样要求检查

② 箱座的加工工艺过程参见表 3-2。

表 3-2　箱座的加工工艺过程

工序号	工序名称	工序内容
10	毛坯铸造	铸造箱盖毛坯，清砂
20	热处理	进行人工时效处理
30	粗铣	粗铣箱座结合面
40	粗铣	粗铣箱座底面
50	粗铣	粗铣箱座油孔面
60	钻	钻箱座底面螺栓孔及油孔

（续）

工序号	工序名称	工序内容
70	攻丝	油孔攻螺纹
80	钻	钻箱座结合面螺栓孔
90	锪平	箱座安装面螺栓孔锪平
100	精铣	精铣箱座结合面至图样要求
110	检查	按图样要求检查

③ 合箱后的加工工艺过程参见表 3-3。

表 3-3 合箱后的加工工艺过程

工序号	工序名称	工序内容
10	钳	合箱,螺栓连接、钻两定位销孔、打入定位销
20	粗铣	粗铣轴承孔端面
30	精铣	精铣轴承孔端面至图样尺寸
40	镗	粗镗、半精镗两轴承孔
50	钻	钻轴承孔端面螺孔
60	攻螺纹	轴承孔端面螺孔攻螺纹
70	钳	拆箱,去毛刺,清洗,合箱,打标记
80	终检	按图样要求检查
90	入库	打包入库

三、考核评价（表 3-4）

表 3-4 考核评价表

序号	评分项目	评分标准	分值	检测结果	得分
1	识图	写出箱体需要加工的表面及加工表面的相应要求	20		
2	箱体的加工过程	零件加工顺序的安排	30		
3	编制箱体的机械加工工艺过程卡	1）画出加工过程中各工序的简图 2）每 3 人一组,按企业标准上交机械加工工艺过程卡	50		

▷▷【项目拓展】

石英半球谐振子的加工工艺问题

2022 年 3 月 2 日,央视直播 2021 年"大国工匠年度人物"发布仪式,当介绍到陕西航天时代导航设备有限公司首席技师刘湘宾时,画面播出的是 2019 年国庆阅兵时火箭军方队出场的场面。刘湘宾再次忍不住泪流满面。

"火箭军方队中导航核心部件 50% 以上是我们配套的。磨'剑'多年,终于亮出,我眼泪止不住地流，那是最激动的一刻。"刘湘宾说。

刘湘宾所在的单位主要生产卫星和潜水器等国之重器的导航系统关键零部件——陀螺仪。陀螺仪可以让导航系统这双"千里眼"的视力更加清晰，使它的身姿更加灵活。无论在天空、陆地、海洋，它都能精准地确定方位和确定姿态，半球谐振陀螺仪是世界上最先进的精密陀螺仪之一。在航天和防务装备领域都属于关键核心零部件。

2015年，工厂接受重大课题，要研制半球谐振陀螺仪最难加工的核心敏感部件——石英半球谐振子。由于作为材料的石英玻璃既硬又脆，形状又是薄壁半球壳形，精密加工难度极大，为了技术不再受制于人，刘湘宾决定向这一难题发起挑战。由于没有任何数据可供参考，刘湘宾只能靠一点点摸索寻找着解题之道。

从零基础起步到能够熟练编程，连英文字母都认不全的刘湘宾完全靠死记硬背啃下了这块硬骨头。零件加工时在刀具超高速运转下控制，稍有不慎就会出现偏差，每一次进刀都是刘湘宾压力最大也最为紧张的时刻。当过兵的刘湘宾有股不服输的狠劲，他把自己封闭在车间，反复改进，最后在刀具内壁设计了一个梯形凹槽，将难题化解。但新的问题又随之而来，根据设计要求，石英半球谐振子的几何公差精度要小于 $3\mu m$，也就是头发丝直径的 $1/20$。为了达到极限要求，刘湘宾花去整整六年时间，成千上万次一点点精进，最终，将精密加工精度提升至 $1\mu m$，远超预定要求，并成功打破国外技术垄断与封锁。

中国航天事业的飞速发展，离不开无数科研人员辛勤的付出。石英半球谐振子的加工是在高精度坐标磨床上，使用固结磨粒金刚石小球头砂轮，进行点接触磨削精密加工，减小毛坯成型加工中形成的表面破坏层（凸凹层和裂纹层）。为提高加工面形精度和表面质量，一般使用微粉级粒度的金刚石砂轮，因此必须解决金刚石砂轮在位修整和修锐、砂轮对刀和磨损补偿等工艺问题，此外，为保证半球谐振子内外球面同心度等形状和位置加工精度的要求，应一次装夹完成各关键部位的加工。

石英玻璃为典型硬脆难加工材料，机械加工产生的微裂纹等表面缺陷，对半球谐振子的品质因数、陀螺仪精度和性能有很大影响。为了指导工艺参数优化，检验零件加工质量，石英玻璃微裂纹、损伤等表面缺陷的无损检测技术的发展，需要提高化学腐蚀液配方和工艺参数优化研究，以及微加工表面变质层缺陷的超精密研抛先进工艺方法，提高半球谐振子微观表面形貌质量。

项目训练

1）在安排箱体类零件的加工顺序时，一般应遵循哪些主要原则？

2）试简述箱体类零件的结构特点与技术要求。

3）什么是孔系？其加工方式有哪几种？试说明各种加工方式的特点和适用范围。

项目四

齿轮类零件加工工艺的设计与实施

【项目目标】

知识目标

1. 了解齿轮类零件的功能、结构特点、技术要求及常用加工设备。
2. 掌握齿轮类零件加工的原则与方法。
3. 掌握齿轮类零件的加工质量分析方法。

能力目标

1. 能根据齿轮的类型制订其适用的加工工艺。
2. 具有编制简单齿轮类零件机械加工工艺过程卡的能力。
3. 能对加工的齿轮进行加工质量分析。

素养提升目标

1. 学习齿轮类零件常用加工设备，培养学生热爱中国制造、甘于奉献的职业素养。
2. 认真探究齿轮类零件加工工艺过程，培养学生严谨细致的敬业精神。
3. 激发学生自主学习兴趣，培养学生的团队合作和创新精神。

【项目导读】

　　齿轮是机械传动中应用极为广泛的传动零件之一，其功用是按照规定的传动比传递运动和动力。齿轮的加工质量将直接影响机器或部件的精度、性能及寿命。然而其结构型式多种多样，加工部位多，加工难度大。怎样实现齿轮类零件的加工制造，以达到装配精度的要求，是本项目所要解决的问题。

【任务描述】

　　学生以企业制造部门产品制造工艺员的身份进入齿轮类零件加工工艺模块，根据产品的特点制订合理的加工工艺路线。首先了解齿轮类零件的基本知识，制订加工工艺规程的原则和步骤。其次对齿轮类零件加工工艺进行分析，确定产品的加工方法、定位基准及设备选用。最后确定各加工工序的安排、检测量具的选用及其检验项目等内容。通过对齿轮类零件工艺规程的制订，对编制工艺过程中存在的问题进行研讨和交流。

【工作任务】

按照齿轮类零件图的要求，了解齿轮类零件加工工艺的基本内容；确定合理的工艺过程，选用适用的加工设备与检测工具；确定零件加工的工艺路线；完成工艺规程制订。

【相关知识】

一、齿轮类零件概述

1. 齿轮类零件的功用及其结构特点

齿轮是用来按规定的速比传递运动和动力的零件，是机械传动中的重要零件，它具有传动比准确、传动力大、效率高、结构紧凑、寿命长、可靠性好等优点，在各种机器和仪器中有广泛应用，其中以直齿圆柱齿轮应用最为普遍。

齿轮的结构由于使用要求不同而具有各种不同的形状，但从工艺角度可将齿轮看成是由齿圈和轮体两部分构成。按照齿圈上轮齿的分布形式，可分为直齿、斜齿、人字齿等，如图 4-1 所示；按照轮体的结构特点，齿轮大致分为盘形齿轮、套筒齿轮、轴齿轮、扇形齿轮和齿条等。

a) 直齿轮　　　　　　　　b) 斜齿轮　　　　　　　　c) 人字齿轮

图 4-1　直齿圆柱齿轮的分类

2. 齿轮类零件的技术要求

齿轮本身的制造精度，对整个机器的工作性能、承载能力及使用寿命都有很大的影响。根据其使用条件，齿轮传动应满足以下几个方面的要求：

（1）传递运动准确性　要求齿轮较准确地传递运动，传动比恒定，即要求齿轮在一转中的转角误差不超过一定范围。

（2）传递运动平稳性　要求齿轮传递运动平稳，以减小冲击、振动和噪声，即要求限制齿轮转动时瞬时速比的变化。

（3）载荷分布均匀性　要求齿轮工作时，齿面接触要均匀，以使齿轮在传递动力时不致因载荷分布不匀而使接触应力过大，引起齿面过早磨损。接触精度除了包括齿面接触均匀性以外，还包括接触面积和接触位置。

（4）传动侧隙的合理性　要求齿轮工作时，非工作齿面间留有一定的间隙，以储存润滑油，补偿因温度、弹性变形所引起的尺寸变化和加工、装配时的一些误差。

齿轮的制造精度和齿侧间隙主要根据齿轮的用途和工作条件而定。对于分度传动用的齿轮，主要要求齿轮的运动精度较高；对于高速动力传动用齿轮，为了减少冲击和噪声，对工作平稳性精度有较高要求；对于重载低速传动用的齿轮，则要求齿面有较高的接触精度，以保证齿轮不致过早磨损；对于换向传动和读数机构用的齿轮，则应严格控制齿侧间隙，必要时，须消除间隙。

3. 齿轮类零件的材料、毛坯

（1）齿轮材料的选择　齿轮应按照使用的工作条件选用合适的材料。齿轮材料的选择对齿轮的加工性能和使用寿命都有直接的影响。

一般齿轮选用中碳钢（如 45 钢）和低、中碳合金钢，如 20Cr、40Cr、20CrMnTi 等。

要求较高的重要齿轮可选用 38CrMoAlA 氮化钢，非传力齿轮也可以用铸铁、夹布胶木或尼龙等材料。

（2）齿轮的热处理　齿轮加工中根据不同的目的，主要安排两种热处理工序。

1）毛坯热处理：在齿坯加工前后安排预备热处理（正火或调质），其主要目的是消除锻造及粗加工引起的残余应力，改善材料的可加工性和提高综合力学性能。

2）齿面热处理：齿形加工后，为提高齿面的硬度和耐磨性，常进行渗碳淬火、高频感应淬火、碳氮共渗和渗氮等热处理工序。

（3）齿轮的毛坯　齿轮的毛坯形式主要有棒料、锻件和铸件。棒料用于小尺寸、结构简单且对强度要求不太高的齿轮。当齿轮的强度要求高，并要求耐磨、耐冲击时，多用锻件毛坯。当齿轮的直径为 $\phi400 \sim \phi600mm$ 时，常用铸造齿坯。为了减少机械加工量，对于大尺寸、低精度的齿轮，可以直接铸出轮齿；对于小尺寸、形状复杂的齿轮，可以采用精密铸造、压力铸造、精密锻造、粉末冶金、热轧和冷挤等工艺制造出具有轮齿的齿坯，以提高劳动生产率，节约原材料。

二、齿轮类零件加工工艺

1. 齿轮类零件的加工方法

目前齿轮的加工工艺过程主要包括：齿轮毛坯加工、齿面加工、热处理工艺及齿面的精加工。齿轮的毛坯件主要是锻件、棒料或铸件，其中锻件使用最多。对毛坯件首先进行正火处理，改善其切削加工性能，便于切削；然后进行粗加工，按照齿轮设计要求，先将毛坯加工成大致形状，保留较多余量；再进行半精加工，如车、滚、插齿，使齿轮基本成形；之后对齿轮进行热处理，改善齿轮的力学性能，按照使用要求和所用材料的不同，有调质、渗碳淬火、齿面高频感应淬火等；最后对齿轮进行精加工，精修基准、精加工齿形。

（1）齿轮毛坯加工　齿轮的毛坯加工在整个齿轮加工过程中占有很重要的地位。齿面加工和检测所用的基准必须在齿轮毛坯加工阶段加工出来，同时齿坯加工所占工时比例较大，对生产率和齿轮加工质量都具有很大影响。若余量过多，将导致后续半精加工和精加工所需加工的量增多，耗时增加，降低生产率；若余量过少，则后续加工需特别谨慎，否则将超出齿轮设计精度尺寸而使得产品不合格。因此需要对齿轮毛坯加工阶段予以特别重视。

（2）齿面加工　针对齿面加工的方法很多，主要有滚齿、插齿、剃齿、磨齿、铣齿、刨齿、梳齿、挤齿、研齿和珩齿等，其中使用最多的四种方法为：滚齿、插齿、剃齿和磨齿。

1）滚齿（图 4-2）。滚切齿轮属于展成法，可将其看作无啮合间隙的齿轮与齿条传动。当齿轮旋转一周时，相当于齿条在法向移动一个刀齿，滚刀的连续传动，犹如一根无限长的齿条在连续移动。当滚刀与滚齿坯间严格按照齿轮与齿条的传动比强制啮

视频：滚齿加工方法

合传动时，滚刀刀齿在一系列位置上的包络线就形成了工件的渐开线齿形。随着滚刀的垂直进给，即可滚切出所需的齿廓。滚齿是目前应用最广的切齿方法，可加工渐开线齿轮、圆弧齿轮、摆线齿轮、链轮、棘轮、蜗轮和包络蜗杆，精度一般可达到 DIN4～7 级。目前滚齿的先进技术有：①多头滚刀滚齿；②硬齿面滚齿技术；③大型齿轮滚齿技术；④高速滚齿技术。

2）插齿（图 4-3）。插齿特别适合于加工内齿轮和多联齿轮。采用特殊刀具和附件后，还可加工无声链轮、棘轮、内外花键、齿形带轮、扇形齿轮、非完整齿齿轮、特殊齿形结合子、齿条、端面齿轮和锥齿轮等。目前先进的插齿技术有：①多刀头插齿技术；②微机数控插齿机；③硬齿面齿轮插削技术。

视频：插齿加工方法

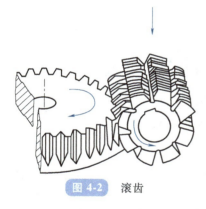

图 4-2　滚齿

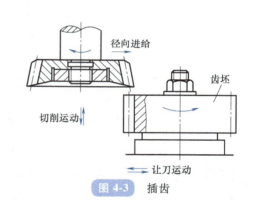

图 4-3　插齿

3）剃齿（图 4-4）。剃齿加工是根据一对螺旋角不等的螺旋齿轮啮合的原理，剃齿刀与被切齿轮的轴线空间交叉一个角度，它们的啮合为无侧隙双面啮合的自由展成运动。剃齿是一种高效齿轮精加工方法，和磨齿相比，剃齿具有效率高、成本低、齿面无烧伤和裂纹等优点。所以在成批生产的汽车、拖拉机和机床等齿轮加工中，得到广泛应用。对角剃齿法和径向剃齿法还可用于带台肩齿轮的精加工。

视频：剃齿加工方法

视频：锥齿轮磨齿机加工

4）磨齿（图 4-5）。磨齿是获得高精度齿轮最有效和可靠的方法。对于硬齿面齿轮，磨齿成为高精度齿轮的主要加工方法。目前碟形砂轮和大平面砂轮磨齿精度可达 DIN2 级，但效率很低。蜗杆砂轮磨齿精度达 DIN3～4 级，效率高，适用于中、小模数齿轮磨齿，但砂轮修正较为复杂。磨齿的主要问题是效率低、成本高，尤其是大尺寸的齿轮。所以提高磨齿效率，降低费用是当前的主要研究方向。近年来磨齿方面的新技术有：①双面磨削法；②立方氮化硼砂轮高效磨齿；③连续成形磨齿技术和超高速磨削技术。

5）铣齿（图 4-6）。铣齿属成形法加工齿轮，刀具的截形与被加工齿轮的齿槽形状相同，刀具沿齿轮的齿槽方向进给，一个齿槽铣完，被加工齿轮分度后，再铣第二个齿槽，齿

轮的齿节距由分度控制。由于齿轮的齿槽形状与齿轮的齿数、修正量、甚至齿厚公差有关，成形法铣齿难于实现刀具齿形与被加工齿轮齿槽都相同，实际上铣齿大都是近似齿形。对于大模数的齿轮，铣齿生产率较高，铣齿广泛用于粗切齿。

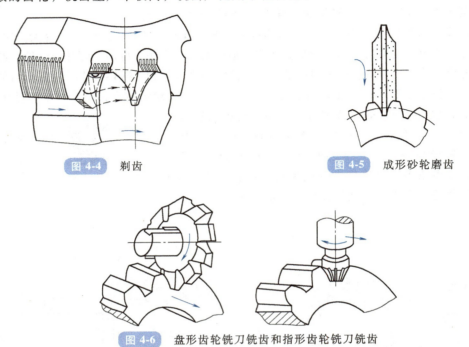

图 4-4 剃齿

图 4-5 成形砂轮磨齿

图 4-6 盘形齿轮铣刀铣齿和指形齿轮铣刀铣齿

视频：刨齿
加工

6）刨齿（图4-7）。刨齿一般是用刨齿刀加工直齿圆柱齿轮、锥齿轮或齿条等的齿面。刨刀有两个运动：一是刨刀的直线切削往复运动；二是刨刀随摇台的平面回转运动，刀具与被加工齿轮的运动关系，相当于一个平顶或平面齿轮的齿与被加工齿轮的啮合。刀具展成切齿循环一次，加工出一个齿，被加工齿轮分度后，加工第二个齿。

7）梳齿（图4-8）。梳齿是用齿条刀插削圆柱齿轮。其特点是加工精度高，可达DIN5级。由于刀具结构简单、制造及刃磨方便，精度高、刃磨次数多，便于采用硬质合金刀片和立方氮化硼刀片加工淬硬齿轮。

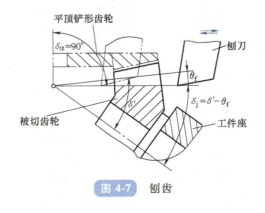

图 4-7 刨齿

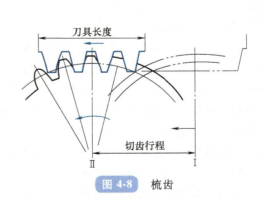

图 4-8 梳齿

综合齿轮齿形的加工方法，汇总成表 4-1。

表 4-1　齿轮齿形的常用加工方法

加工方法		刀具	机床	加工精度及适应范围
仿形法	成形铣	盘形齿轮铣刀	铣床	加工精度和生产率都较低
		指形齿轮铣刀	滚齿机或铣床	加工精度和生产率都较低，是大型无槽人字齿轮的主要加工方法
	拉齿	齿轮拉刀	拉床	加工精度和生产率较高，拉刀专用，适用于大批生产，尤其是内齿轮加工
展成法	滚齿	齿轮滚刀	滚齿机	加工精度 6~10 级，$Ra6.3~3.2\mu m$，常用于加工直齿轮、斜齿轮及蜗轮
	插齿和刨齿	插齿刀刨齿刀	插齿机刨齿机	加工精度 7~9 级，$Ra6.3~3.2\mu m$，适用于加工内外啮合的圆柱齿轮，双联齿轮，三联齿轮，齿条和锥齿轮等
	剃齿	剃齿刀	剃齿机	加工精度 6~7 级，常用于滚齿、插齿后，淬火前的精加工
	珩齿	珩磨轮	珩齿机	加工精度 6~7 级，常用于剃齿后或高频感应淬火后的齿形精加工
	磨齿	砂轮	磨齿机	加工精度 3~6 级，$Ra1.6~0.8\mu m$，常用于齿轮淬火后的精加工

2. 齿轮类零件的加工工艺特点

（1）基准的选择　齿轮加工基准的选择，常因齿轮的结构形状不同而有所差异。带轴齿轮主要采用顶点孔定位；对于空心轴，则在中心内孔钻出后，用两端孔口的斜面定位；孔径大时则采用锥堵。顶点定位的精度高，且能满足基准重合和统一。对于带孔齿轮，在齿面加工时常采用以下两种定位、夹紧方式。

1）以内孔和端面定位。这种定位方式是以工件内孔定位，确定定位位置，再以端面作为轴向定位基准，并对着端面夹紧。这样可使定位基准、设计基准、装配基准和测量基准重合，定位精度高，适合于批量生产。但对夹具的制造精度要求较高。

2）以外圆和端面定位。当工件和夹具心轴的配合间隙较大时，采用千分表校正外圆以确定中心的位置，并以端面进行轴向定位，从另一端面夹紧。这种定位方式因每个工件都要校正，故生产率低；同时对齿坯的内、外圆同轴度要求高，而对夹具精度要求不高，故适用于单件、小批生产。

综上所述，为了减少定位误差，提高齿轮加工精度，在加工时应满足以下要求：

① 应选择基准重合、统一的定位方式。

② 内孔定位时，配合间隙应尽可能减少。

③ 定位端面与定位孔或外圆应在一次装夹中加工出来，以保证垂直度要求。

（2）齿轮毛坯的加工　齿轮毛坯加工为第一工序，此工序用于保障后续的半精加工、精加工，在整个齿轮加工过程中占有很重要的地位。齿面加工与尺寸检测所用的基准都依赖于它，同时齿坯加工所占工时的比例较大，无论从提高生产率，还是从保证齿轮的加工质量角度考虑，工艺上应该首先保证。

在齿轮图样的技术要求中，如果规定以分度圆齿厚的减薄量来测定齿侧间隙，应注意齿顶圆的精度要求，因为齿厚的检测是以齿顶圆为测量基准的。若齿顶圆精度太低，必然使测量出的齿厚无法正确反映齿侧间隙的大小，所以，在这一加工过程中应注意以下三个问题：

1）当以齿顶圆作为测量基准时，应严格控制齿顶圆的尺寸精度。

2）保证定位端面和定位孔或外圆轴线间的垂直度要求。

3）提高齿轮内孔的制造精度，减少与夹具心轴的配合间隙。

（3）齿形及齿端加工　齿形加工是齿轮加工的关键，其方案的选择取决于多方面的因素，如设备条件、齿轮精度等级、表面粗糙度、硬度等。常用的齿形加工方法参见表4-1。

齿轮的齿端加工有倒圆、倒尖、倒棱和去毛刺等方式。经倒圆、倒尖后的齿轮在换挡时容易进入啮合状态，减少撞击现象。倒棱可除去齿端尖角和毛刺。倒圆时，铣刀高速旋转，并沿圆弧做摆动，加工完一个齿后，工件退离铣刀，经分度后再快速向铣刀靠近，加工下一个齿的齿端。

齿端加工必须在淬火之前进行，通常都在滚（插）齿之后、剃齿之前安排齿端加工。

（4）齿轮加工过程中的热处理要求　在齿轮加工工艺过程中，热处理工序的位置安排十分重要，它直接影响齿轮的力学性能及切削加工性能。一般在齿轮加工中采用两种热处理工序，即毛坯热处理和齿形热处理。

齿轮的热处理是齿轮加工制造过程中必须也是重要的步骤，热处理工艺的好坏将直接影响齿轮的强度、精度、噪声和寿命。表4-2为齿轮的常用热处理及化学热处理工艺。

表 4-2　齿轮的常用热处理及化学热处理工艺

名称	处理概况	使用目的
退火	将工件加热到一定温度，保温一定时间，然后缓慢冷却	1）消除前道工序所产生的内应力 2）提高塑性和韧性 3）细化晶粒，均匀组织，提高钢的力学性能 4）为后续热处理做准备
淬火	将工件加热到临界温度以上，保温一定时间，在冷却剂作用下快速冷却	1）提高硬度和强度 2）提高耐磨性
表面淬火	用火焰或高频电流将工件表面迅速加热到临界温度以上，快速冷却	工件表面具有较高的硬度，而心部保持原有的韧性和塑性，使齿轮既能具有一定耐磨性，又能承受一定的冲击载荷
渗碳淬火	在渗碳剂中加热至 $900 \sim 950\,^\circ\!C$，保持一定时间，然后淬火及回火	1）提高工件表面的硬度和耐磨性 2）提高材料的疲劳极限强度 3）轮齿心部有一定韧性
调质	淬火后，在 $450 \sim 650\,^\circ\!C$ 高温回火	完全消除内应力，获得较高的综合力学性能
正火	将工件加热到临界温度以上，保温一定时间，从炉中取出后空冷	1）细化晶粒，提高强度和韧性 2）对力学性能要求不高的零件，常用正火作为最终热处理 3）改善低碳钢的切削性能 4）碳的质量分数小于0.5%的钢件，常用正火代替退火
氮化	向工件表面渗入氮原子的过程	提高轮齿表面的硬度、耐磨性、疲劳强度和耐蚀性
氰化	向工件表面同时渗入碳和氮原子的过程	提高齿轮表面的硬度、耐磨性、疲劳强度和耐蚀性

（5）精加工　目前工业应用的齿轮精加工方式主要是剃齿、磨齿、挤齿、研齿和珩齿。

剃齿是在剃齿机上用剃齿刀剃齿，是齿轮精加工的一种方法。剃齿刀相当于齿面上开了很多刃的斜齿轮。它带动被加工齿轮相对转动，如同交错轴齿轮啮合，靠齿面上的相对滑动，剃齿刀切去齿面上很薄的一层金属，完成齿轮的精加工。剃齿机溜板的调整用于保证齿轮的齿向加工正确。剃齿精度受剃前齿加工的精度限制。剃齿生产率较高，适用于滚齿、插齿后的软齿面精加工。

磨齿则是用砂轮对齿面进行磨削，磨齿可以磨削齿面淬硬的齿轮，消除热处理变形，提高齿轮精度。磨齿根据使用的砂轮不同，又分为：锥形砂轮磨齿、碟形砂轮磨齿、大平面砂轮磨齿、蜗杆砂轮磨齿、渐开线包络环面蜗杆砂轮磨齿、成形砂轮磨齿。

挤齿和珩齿都是齿轮精加工的方法，如图4-9所示。挤齿是利用挤轮对被加工齿轮的齿面进行挤压，以提高齿轮的表面质量，主要适用于滚齿、插齿后的软齿面齿轮精加工。而珩齿则与剃齿的方法基本相同，即将剃齿刀换成形状相同的珩磨轮，靠与齿面的相对滑动对齿面进行抛光，被加工齿轮的齿面软硬均可。

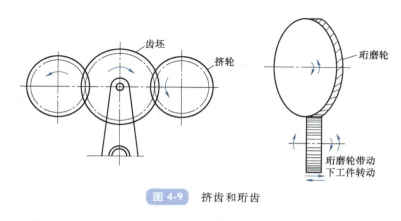

图 4-9　挤齿和珩齿

三、齿轮类零件常用加工设备与刀具

齿轮加工机床是用来加工齿轮轮齿表面的机床。齿轮作为最常用的传动件，广泛应用于各种机械及仪表中，随着现代工业的发展对齿轮制造质量要求越来越高，使齿轮加工设备向高精度、高效率和高自动化的方向发展。

1. 切削齿轮方法

齿轮加工机床的种类很多，构造及加工方法也各不相同。但按齿形形成的原理分类，切削齿轮的方法可分为成形法和展成法两类。

（1）成形法　成形法加工齿轮是使用切削刃形状与被切齿轮的齿槽形状完全相符的成形刀具切出齿轮的方法。即由刀具的切削刃形成渐开线母线，再加上一个沿齿坯齿向的直线运动形成所加工齿面。这种方法一般在铣床上用盘形齿轮铣刀或指

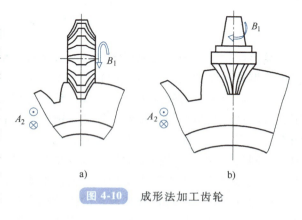

图 4-10　成形法加工齿轮

形齿轮铣刀铣削齿轮，如图4-10所示。此外，也可以在刨床或插床上用成形刀具刨削、插削齿轮。

成形法加工齿轮采用单齿廓成形分齿法，即加工完一个齿，退回，工件分度，再加工下

一个齿。因此生产率较低，且对于同一模数的齿轮，只要齿数不同，齿廓形状就不同，需采用不同的成形刀具。在实际生产中，为了减少成形刀具的数量，每一种模数通常只配有八把刀，各自适应一定的齿数范围，因此加工出的齿形是近似的，加工精度较低。但是采用这种方法时，机床简单，不需要专用设备，适用于单件小批生产及加工精度要求不高的修理行业。

（2）展成法　展成法加工齿轮是利用齿轮啮合的原理进行的，其切齿过程模拟齿轮副（齿轮与齿条、齿轮与齿轮）的啮合过程。把其中的一个转化为刀具，另一个转化为工件，并强制刀具和工件做严格的啮合运动，被加工工件的齿形表面是在刀具和工件包络过程中由刀具切削刃的位置连续变化而形成的。在展成法加工齿轮中，用同一把刀具可以加工相同模数而任意齿数的齿轮。其加工精度和生产率都比较高，在齿轮加工中应用最为广泛。

2. 齿轮刀具

（1）齿轮刀具的种类　齿轮刀具是用于加工各种齿轮齿形的刀具。由于齿轮的种类很多，相应地齿轮刀具种类也极其繁多。一般按照齿轮的齿形可分为渐开线齿轮刀具和非渐开线齿轮刀具；按照齿轮加工工艺方法则分为成形法和展成法加工用齿轮刀具两大类。

1）成形法齿轮刀具。成形法齿轮刀具是指刀具切削刃的轮廓形状与被切齿的齿形相同或近似相同。常用的有盘形齿轮铣刀和指形齿轮铣刀，如图 4-11 所示。

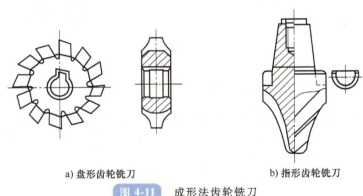

a) 盘形齿轮铣刀　　　　　　　　b) 指形齿轮铣刀

图 4-11　成形法齿轮铣刀

盘形齿轮铣刀是铲齿成形铣刀，铣刀材料一般为高速工具钢，主要用于小模数（$m<8$）直齿和螺旋齿轮的加工。指形齿轮铣刀属于成形立铣刀，主要用于大模数（$m=8\sim40$）的直齿、斜齿或人字齿轮加工。渐开线齿轮的廓形是由模数、齿数和压力角决定的。因此，要用成形法铣出高精度的齿轮就必须针对被加工齿轮的模数、齿数等参数，设计与其齿形相同的专门铣刀。这样做在生产上不方便，也不经济，甚至不可能。实际生产中通常是把同一模数下不同齿数的齿轮按齿形的接近程度划分为 8 组或 15 组，每组只用一把铣刀加工，每一刀号的铣刀是按同组齿数中最少齿数的齿形设计的。

选用铣刀时，应根据被切齿轮的齿数选出相应的铣刀刀号。加工斜齿轮时，则应按照其法向截面内的当量齿数来选择刀号。用成形齿轮铣刀加工齿轮，生产率低，精度低，刀具不能通用；但是刀具结构简单、成本低，不需要专门机床。通常适合于单件、小批量生产或修配 9 级以下精度的齿轮。

2）展成法齿轮刀具。这类刀具的切削刃廓形不同于被切齿轮任何剖面的槽形。被切齿轮齿形是由刀具在展成运动中若干位置包络形成的。展成法齿轮刀具的主要优点是一把刀具可加工同一模数的不同齿数的各种齿轮。与成形法相比，具有通用性广、加工精度和生产率高的特点。但展成法加工齿轮时，需配备专门机床，加工成本要高于成形法。常见的展成法齿轮刀具有：齿轮滚刀、插齿刀、蜗轮滚刀及剃齿刀等。

（2）齿轮滚刀

1）齿轮滚刀的结构。齿轮滚刀形似蜗杆，为了形成切削刃，在垂直于蜗杆螺旋线方向或平行于轴线方向铣出容屑槽，形成前刀面，并对滚刀的顶面和侧面进行铲背，铲磨出后角。根据滚齿的工作原理，滚刀应当是一个端面截形为渐开线的斜齿轮，但由于这种渐开线滚刀的制造比较困难，目前应用较少。通常是将滚刀轴向截面做成直线齿形，这种刀具称为阿基米德滚刀。这种滚刀的轴向截形近似于齿条，当滚刀做旋转运动时，就如同齿条在轴向平面内做轴向移动，滚刀转一转，刀齿轴向移动一个齿距（$P = \pi m$），齿坯分度圆也相应转过一个周节的弧长，从

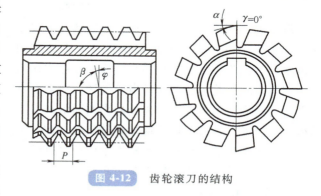

图 4-12　齿轮滚刀的结构

而由切削刃包络出正确的渐开线齿形。齿轮滚刀的结构如图 4-12 所示。

2）齿轮滚刀的主要参数。齿轮滚刀的主要参数包括外径、头数、齿形、螺旋升角及旋向等。外径越大，则加工精度越高。标准齿轮滚刀规定，同一模数有两种直径系列，Ⅰ型直径较大，适用于 AA 级精密滚刀，这种滚刀用于加工 7 级精度的齿轮；Ⅱ型直径较小，适用于 A、B、C 级精度的滚刀，用于加工 8、9、10 级精度的齿轮。单头滚刀的精度较高，多用于精切齿，多头滚刀精度较差，但生产率高。常用图 4-12 所示结构的滚刀（$m < 10\text{mm}$，轴向齿形均为直线），而螺旋升角及旋向则决定了刀具在机床上的安装方位。

（3）插齿刀　如图 4-13 所示，插齿刀也是按展成原理加工齿轮的刀具。它主要用来加工直齿内、外齿轮和齿条，尤其是对于双联或多联齿轮、扇形齿轮等的加工有其独特的优越性。

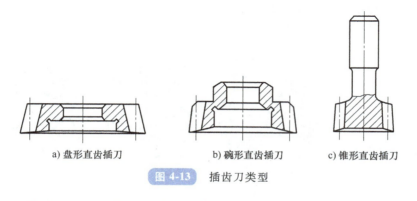

a) 盘形直齿插刀　　　　b) 碗形直齿插刀　　　　c) 锥形直齿插刀

图 4-13　插齿刀类型

插齿刀的外形像一个直齿圆柱齿轮。作为一种刀具，它必须有一定的前角和后角，将插齿刀的前刀面磨成一个锥面，锥顶在插齿刀的中心线上，从而形成正前角。为了使齿顶和齿侧都有后角，且重磨后仍可使用，将插齿刀制成一个"变位齿轮"，而且在垂直于插齿刀轴

线的截面内的变位系数各不相同，从而保证了插齿刀刃磨后齿形不变。

标准插齿刀有三种形式和三种精度等级，以盘形直齿插刀应用最为普遍。三种精度等级为 AA、A、B 级，分别用于加工 6~8 级精度直齿圆柱齿轮。

（4）剃齿刀 剃齿刀是用于对未淬硬的圆柱齿轮进行精加工的齿轮刀具。剃后的齿轮精度可达 6~7 级，表面粗糙度可达 $Ra\,0.4~0.8\,\mu m$。剃齿过程中，剃齿刀与被剃齿轮之间的位置和运动关系与一对螺旋圆柱齿轮的啮合关系相似。但被剃齿轮是由剃齿刀带动旋转。剃齿为一种非强制啮合的展成加工，如图 4-14 所示。剃齿刀本身是一个螺旋圆柱齿轮，其齿侧面上开有许多小沟槽，以形成切削刃。剃齿刀和齿轮啮合，带动齿轮旋转，在啮合点两者的速度方向不一致，使齿轮的齿侧面沿剃齿刀

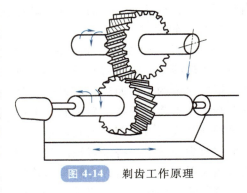

图 4-14 剃齿工作原理

的齿侧面滑动，剃齿刀便从被切齿轮齿面上刮下一层薄薄的金属。为了剃出全齿宽和剃去全部余量，工作台要带动被剃齿轮做轴向往复进给运动，剃齿刀要做径向进给运动；同时剃齿刀在交替正、反转，以分别剃削齿轮轮齿的两个侧面。

3. 齿轮加工机床

按照被加工齿轮种类不同，齿轮加工机床可分为圆柱齿轮加工和锥齿轮加工机床两大类。圆柱齿轮加工机床主要有滚齿机、插齿机等，锥齿轮加工机床有加工直齿锥齿轮的刨齿机、铣齿机、拉齿机和加工弧齿锥齿轮的铣齿机。用来精加工齿轮齿面的机床有珩齿机、剃齿机和磨齿机等。

（1）滚齿机 滚齿机主要用于滚切直齿和斜齿圆柱齿轮及蜗轮，还可以加工花键轴的键槽。

滚齿加工是根据展成法原理加工齿轮，滚齿的过程相当于一对交错轴斜齿轮副啮合滚动的过程，如图 4-15 所示。将这对啮合传动副中的一个齿轮的齿数减少到一个或几个，螺旋角增大到很大，它就成了蜗杆。再将蜗杆开槽并铲背，就成了齿轮滚刀。因此滚刀相当于一个斜齿轮，当机床使滚刀和工件严格地按一对斜齿圆柱齿轮的速比关系做相对运动时，滚刀就可以在工件上连续不断地切出齿来。

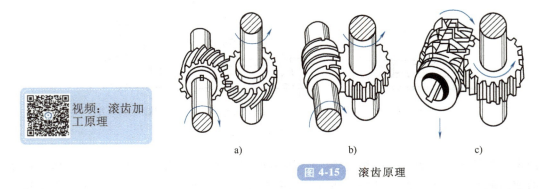

视频：滚齿加工原理

a)   b)   c)

图 4-15 滚齿原理

YC3180 型滚齿机能加工的工件最大直径为 800mm，最大模数为 10mm，最小工件齿数

为8。这种滚齿机除具备普通滚齿机的全部功能外，还能采用硬质合金滚刀对高硬度齿面齿轮用滚切工艺进行半精加工或精加工，以部分地取代磨齿。为此，机床工作精度较高，有较好的刚度和抗振性。

（2）插齿机　插齿过程如同一对齿轮做无间隙的啮合运转，其中一个是工件，另一个是特殊的齿轮（插齿刀）。插齿刀本身如同一个修正齿轮，它在磨损后可重复刃磨使用。插齿刀的模数和压力角必须与被加工齿轮的模数和压力角相等，当用圆盘刀插削斜齿轮时，两者的螺旋角必须相等。加工外齿轮时，两者螺旋方向相反；加工内齿轮时，两者螺旋方向相同。插齿刀每个刀齿的渐开线齿廓和齿顶都做出切削刃：一个顶刃和两个侧刃，它们有前角和后角。

插齿机用来加工内、外啮合的圆柱齿轮，如图4-16所示，尤其适用于加工在滚齿机上不能加工的内齿轮和多联齿轮，加工精度一般可达7级。

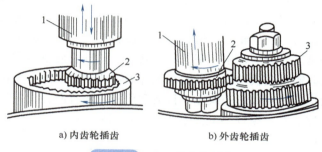

a) 内齿轮插齿　　　　　b) 外齿轮插齿

图 4-16　内、外齿轮插齿

1—插齿机刀具主轴　2—插齿刀　3—被加工齿轮

插齿机加工原理为一对圆柱齿轮的啮合，如图4-17所示。其中一个是工件，另一个是端面磨有前角、齿顶及齿侧均磨有后角的齿轮形刀具，即插齿刀。插齿刀沿工件轴向做直线往复运动以完成切削主运动，在刀具与工件轮坯做"无间隙啮合运动"过程中，在轮坯上渐渐切出齿廓。加工过程中，刀具每往复一次，仅切出工件齿槽的一小部分，齿廓曲线是在插齿刀切削刃多次相继切削中，由切削刃各瞬时位置的包络线所形成的。

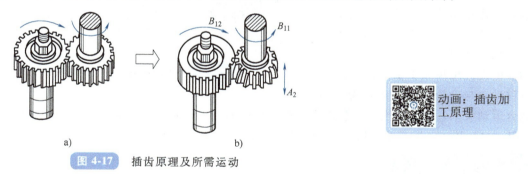

a)　　　　　　　　b)

图 4-17　插齿原理及所需运动

动画：插齿加工原理

① 主运动。插齿机的主运动是插齿刀沿其轴线所做的直线往复运动 A_2。它是一个简单的成形运动，用以形成轮齿齿面的导线——直线。

② 展成运动。加工过程中，插齿刀和工件轮坯应保持一对圆柱齿轮啮合的展成运动，可以分解为：插齿刀的旋转 B_{11} 和工件的旋转 B_{12}。其啮合关系为：当插齿刀转过 $1/z_刀$ 转（$z_刀$ 为插齿刀齿数）时，工件转 $1/z_工$ 转（$z_工$ 为工件的齿数）。

③ 圆周进给运动。插齿刀的转动为圆周进给运动，它用每次插齿往复行程中刀具在分度圆圆周上所转过的弧长表示。降低圆周进给量将会增加形成齿廓的切削刃切削次数，从而提高齿廓曲线精度。此外，还有径向切入运动。插齿开始时，如插齿刀立即径向切入工件至

全部齿深，将会因切削负荷过大而损坏刀具和工件。所以在插齿刀和工件做展成运动的同时，工件应逐渐地向插齿刀做径向切入运动，直至切削到全齿深。径向切入运动停止，然后工件再旋转一整转，便能加工出完整齿廓。

（3）磨齿机　磨齿机多用于对淬硬的齿轮进行齿廓的精加工。齿轮精度可达6级或更高。一般先由滚齿机或插齿机切出轮齿后再磨齿，有的磨齿机也可直接在齿轮坯件上磨出轮齿，但只限于模数较小的齿轮。按齿廓的形成方法，磨齿机有成形法和展成法两种。大多数类型的磨齿机均以展成法来加工齿轮。

1）蜗杆砂轮磨齿机。这种磨齿机用直径很大的修整成蜗杆形的砂轮磨削齿轮，所以称蜗杆砂轮磨齿机。其工作原理与滚齿机相似，如图4-18a所示，蜗杆形砂轮相当于滚刀，与工件一起转动做展成运动 B_{11}、B_{12}，磨出渐开线。砂轮同时做轴向直线往复运动 A_2，以磨削直齿圆柱齿轮的轮齿。如果做倾斜运动，就可磨削斜齿圆柱齿轮。这类机床在加工过程中因是连续磨削，生产率很高。其缺点是砂轮修整困难，不易达到高精度，磨削不同模数的齿轮时需要更换砂轮；砂轮与工件展成传动链中的各个传动环节转速很高，易产生噪声，磨损较快。为克服这一缺点，目前常用的方法有两种，一种是采用同步电动机驱动，另一种是用数控的方式保证砂轮和工件之间严格的速比关系。这种机床适用于中小模数齿轮的成批生产。

2）锥形砂轮磨齿机。锥形砂轮磨齿机是利用齿条和齿轮啮合原理来磨削齿轮的，又称为分度磨齿法。用砂轮代替齿条，将齿廓修整成齿条的直线齿廓。当砂轮按切削速度高速旋转，并沿工件齿线方向做直线往复运动时，砂轮两侧锥面的母线就形成了假想齿条的一个齿廓，如图4-18b所示，加工时，被切齿轮在假想齿条上滚动的同时进行移动，与砂轮保持齿条和齿轮的

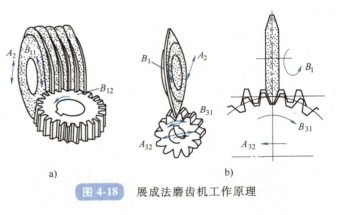

a)　　　　　　　　　b)

图 4-18　展成法磨齿机工作原理

啮合运动关系，得到砂轮锥面包络出的渐开线齿形。每磨完一个齿槽后，砂轮自动退离，齿轮转过 $1/z$ 圈（z 为工件齿数）进行分齿运动，直到磨完为止。

【项目实施】

任务　齿轮零件工艺规程的编制

一、任务引入

齿轮的结构由于使用要求不同而具有各种不同的形状，但从工艺角度可将齿轮看成是由齿圈和轮体两部分构成。其主要加工工艺为齿形的加工，齿形加工之前的齿轮加工称为齿坯加工。齿坯的内孔、端面或外圆经常是齿轮加工、测量和装配的基准，齿坯的精度对齿轮的

加工精度有着重要的影响。因此，齿坯加工在整个齿轮加工中占有重要的地位，应围绕齿坯加工面和具体结构的特点来制订工艺过程。本项目以常用齿轮加工为例，按照齿轮类零件加工要求和特点，了解齿轮加工工艺的基本内容，分析零件图样、确定零件的具体加工要求，并选用合适的各类加工设备与检测工具，拟订工艺路线，完成齿轮零件工艺规程的制订。

二、实施过程

1. 实施环境和条件

（1）场地　实训车间、理实一体化教学车间，多媒体课件，必要的参考资料。

（2）齿轮零件图（图4-19）

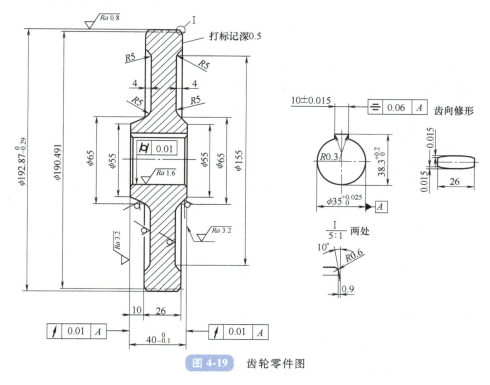

图 4-19　齿轮零件图

2. 实施要求

1）3人一组，以组为单位，读懂零件图，识别关键要求。

2）以组为单位，讨论齿轮零件的工艺过程。

3）每组汇报，完成齿轮零件的工艺过程卡。

3. 实施步骤

（1）齿轮零件图技术要求分析　图4-19所示齿轮主要由轮齿表面、内圆和键表面组成，其中精度要求较高的表面有两处：$\phi192.87h11$（$^{\ 0}_{-0.29}$）外圆一处，轮齿表面粗糙度为 $Ra0.8\mu m$；$\phi35H7$（$^{+0.025}_{\ 0}$）内圆一处，表面粗糙度为 $Ra1.6\mu m$，两端面对内孔轴线的径向圆跳动公差为 0.01mm，内孔圆柱度公差为 0.01mm。零件加工的关键表面如图4-20所示，几何精度要求分别是：

1）齿轮内孔 $\phi35H7$ 的尺寸公差为 0.025mm，圆柱度公差为 0.01mm。

2）两端面对内孔 $\phi35H7$ 轴线的径向圆跳动公差为 0.01mm。

3）轮齿表面粗糙度为 $Ra0.8\mu m$。

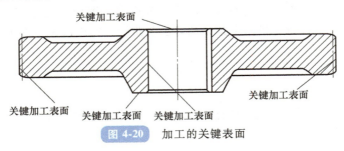

图 4-20 加工的关键表面

关键加工表面：$\phi35H7$ 内圆、$\phi192.87h11$ 外圆表面及两端面、轮齿表面。

次要加工表面：其他表面。

其他要求为：齿面渗碳淬火处理，成品有效硬化层深度为 0.5～0.6mm，齿面硬度 57～61HRC，齿心部硬度 35～40HRC，淬火后对齿部进行喷丸处理。

（2）计算零件生产纲领，确定生产类型　根据任务已知：产品的生产纲领 $Q = 10000$ 台/年；每台产品中齿轮的数量 $n = 1$ 件/台；齿轮的备品百分率 $a = 1\%$；齿轮的废品百分率 $b = 1\%$。

1）齿轮的生产纲领计算：

$$N = Qn(1+a)(1+b) = 10000 \times (1+1\%)(1+1\%)\text{件/年} = 10201\text{件/年}$$

2）确定齿轮的生产类型及工艺特征。齿轮属于轻型机械类零件。根据生产纲领（10201 件/年）及零件类型（轻型机械），由表 1-2 可查出，齿轮的生产类型为大批生产。齿轮的生产纲领和生产类型见表 4-3。

表 4-3　齿轮的生产纲领和生产类型

名称	结果
生产纲领	10201 件/年
生产类型	大批生产
工艺特征	1）毛坯采用合金钢型材，精度、余量一般 2）加工设备采用通用、专用机床 3）工艺装备采用高效能的专用刀具、量具 4）工艺文件须编制加工工艺过程卡 5）加工采用专用夹具，调整法控制尺寸，自动化生产率高，对操作工人的技术要求低

（3）选择毛坯　根据齿轮的制造材料，考虑到材料的力学性能要求及热处理要求，毛坯选择的最佳方案可采用合金钢型材。齿面渗碳淬火热处理安排在半精加工之后，以获得有效硬化层深度，保证齿面与齿心硬度。考虑毛坯成本，选择热轧合金钢型材，热轧成形尺寸精度可以达到 $\pm(0.5～1)$mm；参考零件尺寸可以有多种选择方案，根据成本选择 $\phi195～\phi200$mm 圆钢棒为好，毛坯规格如图 4-21 所示。

4-21　毛坯规格示意图

毛坯材料：16MnCrS5 合金钢（德国钢种，性能相当于我国 15CrMn 钢）。

特性：有较好的淬透性和可加工性，对于较大截面零件，热处理后能得到较高表面硬度和耐磨性，低温冲击韧度也较高。

化学成分（质量分数）：碳（C）0.14%～0.19%；硅（Si）≤0.40%；锰（Mn）1.00%～1.30%；硫（S）0.010%～0.035%；磷（P）≤0.035%；铬（Cr）0.80%～1.10%；铁（Fe）为余量。

力学性能：抗拉强度为 1373MPa；条件屈服强度为 1187MPa；伸长率为 13%；断面收缩率为 57%；冲击韧度为 72J/cm²；硬度不大于 297HBW。

（4）选择齿轮的精基准和夹紧方案　齿轮加工工序较多，每个工序都需要先进行固定再加工，车削加工、内孔磨削加工选择外圆与端面作为定位基准夹紧比较方便，如图 4-22a 所示，滚齿加工、磨齿加工选择齿轮的内圆与底平面作为定位基准夹紧是最理想的，如图 4-22b、c 所示。

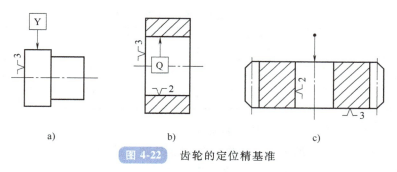

图 4-22　齿轮的定位精基准

（5）选择加工装备　根据齿轮的工艺特性，加工设备采用通用机床，即卧式车床。工艺装备采用专用夹具、专用刀具（内孔车刀、切槽刀、内孔滚刀等）、通用量具（游标卡尺、外径千分尺、内径千分尺等）。齿轮的基准及其工艺装备见表 4-4。

表 4-4　齿轮的基准选择及工艺装备

名称	结果
车削、内孔磨削加工基准	
滚齿、磨齿加工基准	
线切割加工基准	

（续）

名称	结果
工艺装备	1) 车削加工设备采用通用机床;滚齿加工主要采用数控滚齿机;磨齿加工主要采用数控磨齿机;线切割加工主要采用中走丝与慢走丝线切割机床 2) 夹具主要采用液压三爪软卡盘装夹、心轴 3) 刀具采用外圆车刀、内孔车刀、切槽刀、滚齿刀、砂轮等 4) 量具采用游标卡尺、外径千分尺、内径千分尺等

（6）拟订齿轮机械加工工艺路线

1）确定各表面的加工方法。分析齿轮的零件图，该零件为回转体套类零件，结合热轧型材毛坯，加工余量少；ϕ192.87h11 外圆精度要求较高，表面一般采用车削加工就可达到相应的技术要求；ϕ35H7 内圆尺寸精度与表面要求很高，可以采用钻、车、磨加工；齿轮齿面的精度要求很高，采用滚齿、磨齿。各表面加工方法的选择见表 4-5。

表 4-5　各表面的加工方法

加工表面	精度要求	表面粗糙度 $Ra/\mu m$	加工方法
ϕ192.87mm 外圆	IT11	6.3	粗车、精车
ϕ35mm 内圆	IT7	1.6	钻、车、磨
轮齿	精密级	0.8	滚齿、磨齿

2）确定加工工艺过程。加工顺序安排如下：

① 根据机械加工的安排原则先粗后精，先加工外圆，后加工内孔。

② 确定各工序的加工余量和工序尺寸及其公差。

③ 结合毛坯尺寸和最终尺寸，各表面车削加工采用一刀一次性加工，毛坯余量等于各工序的加工余量之和，工序尺寸及其公差可依据切削加工手册确定。

④ 填写齿轮机械加工工艺过程卡。齿轮零件具体的机械加工工艺过程见表 4-6。

表 4-6　齿轮零件机械加工工艺过程

工序号	工序名称	工序内容	工艺装备
10	热处理	齿轮材料正火处理	
20	下料	下料 ϕ200mm×45mm	
30	车	精车端面,调头精车内孔、端面、外圆至工序图样要求,外圆接平	
40	滚齿	台阶面和内孔定位,粗、精滚齿到工序尺寸	滚齿心轴
50	倒角	齿顶修倒圆 R0.6mm	
60	清洗	将齿轮清洗干净,准备热处理	
70	热处理	齿面渗碳淬火处理,成品有效硬化层深度为 0.5~0.6mm,齿面硬度 57~61HRC,齿心部硬度 35~40HRC,淬火后对齿部进行喷丸处理	
80	平面磨削	基准面朝下安放,贴平吸紧,磨平面至工序尺寸	
90	内圆磨削	找正已磨平面与齿轮节圆,磨内孔	
100	磨齿	以已加工内孔和端面定位装夹,磨齿	磨齿心轴
110	无损检测	磁粉检测无裂纹	

（续）

工序号	工序名称	工序内容	工艺装备
120	线切割	已磨端面朝下装夹，贴平，找正内孔，径向圆跳动允差≤0.01mm	
130	清洗	将产品清洗干净	
140	终检	按照产品图样进行产品检验	
150	入库	产品涂油、入库	

三、考核评价（表4-7）

表4-7　考核评价表

序号	评分项目	评分标准	分值	检测结果	得分
1	识图	写出齿轮需要加工的表面以及加工表面的位置要求	20		
2	齿轮零件的加工过程	1）加工设备、刀具、夹具、量具的选择 2）零件加工顺序的安排	30		
3	编制齿轮零件的机械加工工艺过程卡	1）画出加工过程中各工序的简图 2）每3人一组，按企业标准上交机械加工工序过程卡	50		

▶▶【项目拓展】

党的二十大代表风采——洪家光：以匠心铸"机"心

"大国工匠的匠心连着共产党员的初心，要求我在日常工作时精益求精、攻坚克难时敢于创新、培养新人时保持耐心。"洪家光说。

航空发动机被称为航空器的"心脏"。一台航空发动机的零部件数以万计，是不折不扣的高精尖设备。洪家光的工作是为这些精密的航空发动机零部件研制专用工装工具。从业20多年，凭着一股不服输的劲头，他练就了过硬的加工技能。

洪家光保持共产党员本色，当时的车床无法满足加工要求，他便开始一项项改进，减小托盘与操作台的间隙，改造传动机构中齿轮间啮合的紧密程度；原有的刀台抗振性不好，他就重做刀台；小托盘与下面的托盘有间隙，洪家光就想办法将小托盘固定……

当选党的二十大代表后，洪家光对自己的要求更加严格了。他说："作为党员航发人，我要始终不忘初心，以匠心铸'机'心，以恒心铸重器，展现新时代航发人科技报国的使命担当。"

洪家光始终秉持"国家利益至上"的价值观，以实干践行初心，在生产一线创新进取、勇攀高峰。航空发动机被誉为现代工业"皇冠上的明珠"，其性能、寿命和安全性取决于叶片的精度，他潜心研究叶片磨削加工的各个环节，自主研发出解决叶片磨削专用的高精度金刚石滚轮工具制造技术，经生产单位应用后，叶片加工质量和合格率得到了提升，助推了航空发动机自主研制的技术进步。凭借该项技术，他荣获2017年度国家科学技术进步奖二等奖。在工作岗位上，他先后完成了200多项技术革新，解决了300多个生产难题，以精益求精的工匠精神为飞机打造出了强劲的"中国心"。

他以国家级"洪家光技能大师工作室"和省级"洪家光劳模创新工作室"为平台，先后为行业内外 2000 余人（次）进行专业技能培训，亲授的 13 名徒弟均成为生产骨干。他先后完成工具技术创新和攻关项目 84 项，个人拥有 8 项国家专利，团队拥有 30 多项国家专利，助推航空发动机制造技术水平提升，积极为实现"中国梦""强军梦""动力梦"贡献力量。

项目训练 1

1）齿轮轮齿加工的方法有哪些？

2）齿轮轮齿加工的刀具有哪些？

项目训练 2

编写图 4-23 所示齿轮轴的加工工艺过程卡，并分析工艺过程。

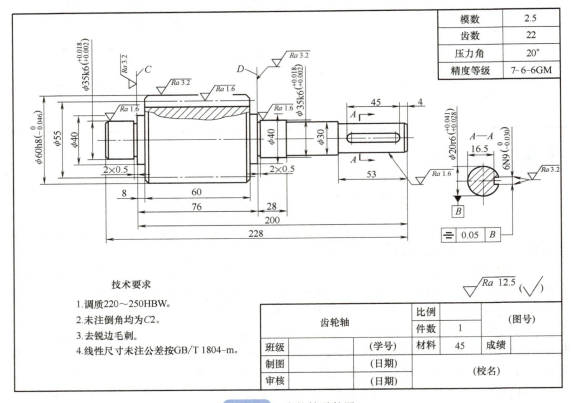

图 4-23 齿轮轴零件图

项目五

机械部件装配工艺的设计

【项目目标】

知识目标

1. 了解机械装配工艺过程的基本内容。

2. 掌握机械装配工艺规程制订的原则与方法。

3. 掌握产品装配方法的选择原则，保证产品的装配精度。

能力目标

1. 能根据产品的生产类型确定其适用的机械装配工艺。

2. 能选择合理的装配方法。

3. 能计算产品的装配工艺尺寸链。

素质提升目标

1. 了解机床发展的概况及在中国制造业的地位，装配技术在智能制造中的作用，培养学生热爱中国制造、甘于奉献的职业素养。

2. 认真探究机械部件装配方法的选择，培养学生严谨细致的敬业精神。

3. 激发学生自主学习兴趣，培养学生的团队合作和创新精神。

【项目导读】

装配是整个机械制造过程的后期工作。机器的各种零部件只有经过正确的装配，才能完成符合要求的产品。怎样将零件装配成机器，零件精度与产品精度的关系，以及达到装配精度的方法，是装配工艺所要解决的问题。

【任务描述】

学生以企业制造部门装配工艺员的身份进入机械装配工艺模块，根据产品的特点制订合理的装配工艺路线。首先了解机械装配工艺的基本知识、制订装配工艺规程的原则和步骤。其次对机械部件装配工艺进行分析，确定产品的装配方法。最后确定装配过程中各装配过程的安排、检测量具的选用及其装配精度的确定等内容。通过对机械部件装配工艺规程的制订，分析解决产品装配过程中存在的问题和不足，并对编制工艺过程中存在的问题进行研讨和交流。

【工作任务】

　　按照装配精度要求，了解产品装配工艺的基本内容，分析产品装配图；确定合理的装配方法，选用适用的各类装配与检测工具；确定装配工艺路线；完成产品装配工艺规程制订。

【相关知识】

一、机器装配的基本概念

（一）机械装配单元

　　产品的质量取决于产品结构设计的合理性、原理的先进性、零件选材和热处理方法的合理性，以及零件的制造质量和装配质量。

　　机械产品一般由许多零件和部件组成。零件是机器的制造单元，如一根轴、一个轴承、一个螺钉等。部件是装配单元，由两个或两个以上零件结合成为机器的一部分。按规定的技术要求，将若干零件（自制的、外购的、外协的）按照装配图样的要求结合成部件或将若干个零件和部件结合成机器的过程，称为装配。前者为部件装配。机器装配是按规定的精度和技术要求，将构成机器的零件结合成套件（合件）、组件、部件和产品的过程。

　　装配工作是产品制造工艺过程中的后期工作，它包括各种装配准备工作、总装、部装、调试、检验和试机等工作。装配质量的好坏对整个产品的质量起着决定性的作用。通过装配才能形成最终产品，并保证产品具有规定的精度及设计所要求的使用功能及验收质量标准。装配工作是一项非常重要而细致的工作，必须认真按照产品装配图的要求，制订合理的装配工艺规程，采用新的装配工艺，以提高产品的装配质量，达到优质、低耗、高效。

　　装配是机器制造中的后期工作，它是决定产品质量的关键环节。例如，卧式车床就是以床身为基准零件，装上主轴箱、进给箱、溜板箱等部件及其他组件、套件、零件所组成的。

　　（1）零件　零件是组成机器的最小单元，它是由独立的整块金属或其他材料构成的。

　　（2）套件（合件）　套件是在一个基准零件上，装上一个或若干个零件构成的，它是机器的最小装配单元，其装配称为套装。图5-1所示为装配齿轮套件。

　　（3）组件和部件　组件是在一个基准零件上，装上若干套件及零件构成的组合体，如图5-2所示。组件没有明显完整的作用，其装配称为组装。部件是在一个基准零件上，装上

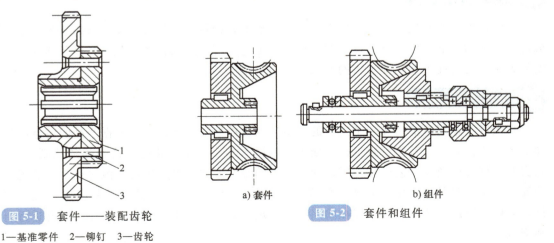

a) 套件　　　　b) 组件

图 5-1　套件——装配齿轮

1—基准零件　2—铆钉　3—齿轮

图 5-2　套件和组件

若干组件、套件及零件构成的组合体，其装配称为部装。部件在机器中能完成独立、完整的功能。

机器是在一个基准零件上，装上若干部件、组件、套件及零件构成的，其装配称为总装。在装配工艺规程设计中，常用装配工艺系统图表示零部件的装配流程和零部件间相互装配关系。

在装配工艺系统图上，每一个单元用一个长方形框表示，标明零件、套件、组件和部件的名称、编号及数量。装配工作由基准件开始，沿水平线自左向右进行，一般将零件画在上方，套件、组件、部件画在下方，其排列次序就是装配工作的先后次序。组件、部件装配工艺系统图如图 5-3 和图 5-4 所示。

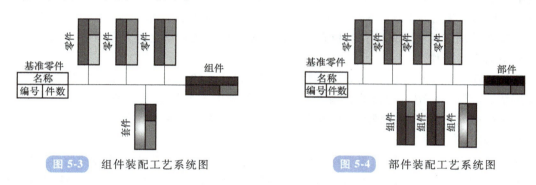

图 5-3　组件装配工艺系统图　　　　图 5-4　部件装配工艺系统图

（二）机械装配过程中的主要内容

1. 清洗

清洗工作对保证和提高机器装配质量、延长机器使用寿命有着重要意义。任何微小的脏物、杂质都会影响机器的装配质量，特别是机器的关键部分，如轴承、密封件、精密件、润滑系统及有特殊清洗要求的零件，稍有杂质就会影响产品的质量。所以装配前必须对零件进行清洗，以清除在制造、运输和储存过程中粘附的切屑、油脂和灰尘。

零件一般用煤油、汽油、碱液及各种化学清洗液进行清洗，清洗方法有擦洗、浸洗、喷洗和超声波清洗等。清洗时，应根据工件的清洗要求、工件的材料、生产批量的大小及油污、杂质的性质和粘附情况正确选择清洗液、清洗方法和清洗时的温度、压力、时间等参数。

2. 连接

连接是将两个或两个以上的零件结合在一起的工作。按照零件或部件连接方式的不同，连接可分为固定连接和活动连接两类。零件之间没有相互运动的连接称为固定连接；零件之间在工作情况下，可按规定的要求做相对运动的连接为活动连接。通常在机器装配中采用的固定连接形式有过盈连接和螺纹连接。过盈连接多用于轴（销）与孔之间的固定，螺纹连接在机械结构的固定中应用较为广泛。固定连接方式还可分为可拆卸连接和不可拆卸连接。

1）可拆卸连接：装配后可以很容易拆卸而不致损坏任何零件，且拆卸后仍可重新装配在一起的连接（螺纹连接、键连接和销连接）。螺纹连接是汽车结构中最广泛的零件连接方法，在机械结构的固定中应用较为广泛。

2）不可拆卸连接：装配后一般不再拆卸，如果拆卸，会损坏其中的某些零件。如焊接、铆接和过盈连接等。常用的过盈连接方法有压入法和热胀冷缩法。

3. 校平、调整与配作

在产品的装配过程中，尤其是在单件小批生产的情况下，完全靠零件的互换性去保证装配精度是不经济的，往往需要进行一些校平、调整或配作工作。

校平是消除材料或制件的弯曲、翘曲、凸凹不平等缺陷的加工方法，校平可使产品中相关零、部件间相互位置的找正、找平并通过各种调整方法以保证达到装配精度要求。如在卧式车床总装中，床身导轨安装时，通过校平导轨扭曲，可使前后导轨在垂直平面内的平行度达到装配要求。另外，车床主轴与尾座套筒中心等高、立柱与工作台面垂直度等都可以采用校平的方法。校平时常用的工具有平尺、角尺、水平仪、光字垂直仪及相应的检验棒、过桥等。

调整就是调节相关零件的相互位置，除配合校平所做的调整之外，还有各运动副间的间隙是调整的主要工作。

配作是在校平、调整的基础上进行的，只有经过认真的校平、调整后才能进行配作。配作指配钻、配铰、配刮、配磨等在装配过程中所附加的一些钳工和机加工工作。校平、调整、配作虽有利于保证装配精度，但却会影响生产率，不利于流水装配作业等。

4. 平衡

对于转速高、运转平稳性要求高的机器，为了防止在使用过程中因旋转件质量不平衡产生的离心惯性力而引起振动，影响机器的工作精度，装配时必须对有关旋转零件进行平衡，必要时还要对整机进行平衡。例如，旋转零件，特别是高速旋转零件，装配前应进行平衡。对于飞轮、带轮等盘状零件，只需静平衡，而对于长度大的零件，还需动平衡。

平衡方法有静平衡与动平衡。静平衡用于长度比直径小很多的圆盘类零件，而动平衡用于长度较大的零件，如机床主轴、电动机转子等。

5. 验收试验

产品装配好后，应根据其质量验收标准进行全面的验收试验，检验其精度是否达到设计的要求，性能是否满足产品的使用要求，各项验收指标合格后才可涂装、包装、出厂。各类机械产品不同，其验收技术标准和验收试验的方法也就不同。装配后，必须根据有关技术标准和规定，对产品进行比较全面的检验和试验。

（三）装配工作的组织形式

由于生产类型和产品复杂程度不同，装配的组织形式也不同，可分为以下三种不同的装配组织形式：

1. 单件生产的装配

单个地制造不同结构的产品，并很少重复，甚至完全不重复，这种生产方式称为单件生产。单件生产的装配工作多在固定的地点，由一个工人或一组工人，从开始到结束进行全部的装配工作。如夹具、模具的装配就属于此类。这种组织形式的装配周期长，占地面积大，需要大量的工具和设备，并要求工人具有全面的技能。通常不需要编制装配工艺过程卡，而是用装配工艺流程图来代替。装配时，工人按照装配图和装配工艺流程图进行装配。

2. 成批生产的装配

在一定的时期内，连续制造相同的产品，这种生产方式称为成批生产。成批生产的装配工作通常分为部件装配和总装配，每个部件由一个或一组工人来完成，然后将各部件集中进行总装配。装配过程中，产品不移动。这种将产品或部件的全部装配工作安排在固定地点进行的装配，称为固定式装配，如图5-5所示。

通常需要制订部件装配及总装配的装配工艺过程卡。卡中的每一道工序内应简要地说明该工序的工作内容、所需要的设备和工艺装备的名称及编号、时间定额等。除了装配工艺过程卡及装配工序卡以外，还应有装配检验卡及试验卡，有些产品还应附有测试报告、修正（校平）曲线等。

3. 大量生产的装配

产品制造数量很大，每个工作地点经常重复地完成某一工序，并具有严格的节奏，这种生产方式称为大量生产。大量生产的装配采用流水装配，使某一工序只由一个或一组工人来完成。产品在装配过程中，有顺序地由一个或一组工人转移给另一个或另一组工人。流水装配时，产品的移动有连续移动和断续移动两种。连续移动装配时，工人边装配边随着装配线走动，一个工位的装配工作完成后立即返回原地；断续移动装配时，装配线每隔一定时间往前移动一步，将装配对象带到下一工位。采用流水线装配时，只有当从事装配工作的全体工人都按顺序完成了所担负的装配工序后，才能装配出产品。移动式装配如图5-6所示。

图 5-5　固定式装配

图 5-6　移动式装配

在大量生产中，由于广泛采用互换性原则，并使装配工作工序化，因此装配质量好，效率高，生产成本低，并且对工人的技术要求较低。大量生产的装配是一种先进的装配组织形式，如汽车、拖拉机的装配一般属于此类，需要制订装配工序卡，详细说明该装配工序的工艺内容，以直接指导工人进行操作。

二、机器装配质量的控制

 机器装配的精度

（一）机械产品的装配精度

机器装配精度是根据机器的使用性能要求提出的。装配精度是装配工艺的质量指标，是根据机器的工作性能确定的。装配精度是制订装配工艺规程的主要依据，也是选择合理的装配方法和确定零件加工精度的依据。机械产品的装配精度是指产品装配后实际几何参数、工作性能与理想几何参数、工作性能的符合程度。机械产品的装配精度一般包括尺寸精度、相互位置精度、相对运动精度及接触精度。

1. 尺寸精度

尺寸精度是指相关零件、部件间的距离精度和配合精度。距离精度是指零部件间的轴向间隙、轴向距离和轴线距离等，如卧式车床前后两顶尖对床身导轨的等高度，如图 5-7 所示。配合精度是指配合面间应达到的间隙或过盈要求，如导轨间隙、齿侧间隙、轴和孔的配合间隙或过盈等。

2. 相互位置精度

装配中的相互位置精度是指产品中相关零部件间的平行度、垂直度、同轴度及各种跳动等。图 5-8 所示为单缸发动机，装配时应保证活塞外圆的中心线与缸体孔的中心线的同轴度、活塞外圆中心线与其销孔中心线的垂直度、连杆小头孔中心线与其大头孔中心线的平行度、曲轴的边杆轴颈中心线与其主轴轴颈中心线的平行度、缸体孔中心线与曲轴孔中心线的垂直度。

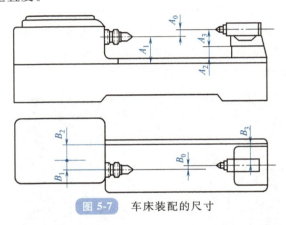

图 5-7　车床装配的尺寸

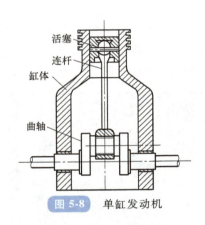

图 5-8　单缸发动机

3. 相对运动精度

相对运动精度是指产品中有相对运动的零部件在运动方向和相对速度上的精度。运动方向精度主要是指相对运动部件之间的平行度、垂直度等，如牛头刨床滑枕往复直线运动对工作台面的平行度。运动速度精度是指内传动链中，始末两端传动元件间相对运动关系与理论值的符合程度，如滚齿机滚刀与工作台的传动精度。装配的相对运动精度有：主轴圆跳动、轴向窜动、转动精度、传动精度。它们主要与主轴轴颈处的精度、轴承精度、箱体轴孔精度及传动元件的自身精度有关。

4. 接触精度

接触精度是指相互配合表面、接触表面间接触面积的大小和接触点的分布情况。它主要影响接触刚度和配合质量的稳定性，同时对相互位置精度和相对运动精度也会产生一定的影响，如齿轮啮合、锥体配合及导轨之间均有接触精度要求。

（二）装配精度与零件精度

1. 装配精度与零件精度的关系

机器和部件是由零件装配而成的。显然，零件的精度，特别是一些关键件的加工精度，对装配精度有很大的影响。装配精度与相关零部件制造误差的累积有关。如图 5-9 所示，卧式车床的尾座移动对溜板移动的平行度，主要取决于床身上溜板移动导轨与尾座移动导轨间的平行度及导轨面间的接触精度，接触精度主要是由基准件床身上导轨面间的位置精度来保证的。床身上相应精度的要求，是根据有关总装配精度检验项目的技术要求来确定的。技术要求合理地规定有关零件的制造精度，使其累积误差不超出装配精度所规定的范围，从而简化装配工作。

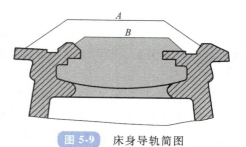

图 5-9　床身导轨简图

A—溜板移动导轨面　B—尾座移动导轨面

装配精度首先取决于相关零部件精度，尤其是关键零部件的精度。例如卧式车床的尾座移动对溜板移动的平行度，就主要取决于床身导轨 A 与 B 的平行度（图 5-9）；又如车床主轴中心线与尾座套筒中心线的等高度 A_0（图 5-10），就主要取决于主轴箱、尾座及底板的尺寸 A_1、A_2 及 A_3 的精度。

2. 装配精度与装配方法间的关系

在单件小批量生产及装配精度要求较高时，以控制零件的加工精度来保证装配精度，会给零件的加工带来困难，增加成本。这时按照经济加工精度来确定零件的精度，在装配时采用一定的工艺措施来保证装配精度。

装配精度的保证还取决于装配方法、零件的表面接触质量和零件的变形。如图 5-10 所示，等高度 A_0 的精度要求是很高的，如果靠控制尺寸 A_1、A_2 及 A_3 的精度来达到 A_0 的精度是很不经济的。实际生产中常按经济精度来加工相关零部件尺寸 A_1、A_2 及 A_3，装配时则采用修配底板零件的工艺措施保证等高度 A_0 的精度。

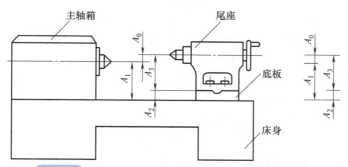

图 5-10　卧式车床床头和尾座两顶尖的等高度要求

影响机器装配精度的因素有很多，如零件的加工精度、装配方法与装配技术、零件间的接触质量、力与内应力引起的零件变形、旋转零件的不平衡。零件的加工精度是保证产品装配精度的基础，但装配精度并不完全取决于零件的加工精度，装配精度的保证应从产品结构、机械加工和装配工艺方法等几方面综合考虑。

（三）产品的装配尺寸链

装配尺寸链是产品或部件在装配过程中，由相关零件的尺寸或位置关系所组成的封闭的尺寸系统，即由一个封闭环和若干个与封闭环关系密切的组成环组成。

装配尺寸链

1. 装配尺寸链的建立

1）正确地建立装配尺寸链，是运用尺寸链原理分析和解决零件精度与装配精度关系问题的基础。

2）装配尺寸链的封闭环为产品或部件的装配精度。找出对装配精度有直接影响的零部件尺寸和位置关系，即可查明装配尺寸链的各组成环。可见，正确查找组成环是建立装配尺寸链的关键。

3）一般查找装配尺寸链组成环的方法是：首先根据装配精度要求确定封闭环，然后取封闭环两端的两个零部件为起点，沿着装配精度要求的位置方向，以零部件装配基准面为查找线索，分别找出影响装配精度要求的有关零部件，直至找到同一个基准零部件或同一基准表面为止。各有关零部件上直接关联相邻零部件装配基准的尺寸或位置关系，即为装配尺寸链中的组成环。

4）查找装配尺寸链也可从封闭环的一端开始，依次查找相关零部件，直到封闭环的另一端。还可从共同的基准面或零部件开始，分别查找到封闭环的两端。

2. 与一般尺寸链相比的特点

1）装配尺寸链的封闭环一定是机器产品或部件的某装配精度。

2）装配精度只有机械产品装配后才可测量。

3）装配尺寸链中的各组成环不是仅在一个零件上的尺寸，而是在几个零件或部件之间与装配精度有关的尺寸。

4）装配尺寸链的形式较多，除常见的线性尺寸链外，还有角度尺寸链、平面尺寸链和空间尺寸链等。

3. 建立装配尺寸链的步骤

1）确定封闭环：通常装配尺寸链的封闭环就是装配精度要求。

2）装配尺寸链查找方法：取封闭环两端的零件为起点，沿装配精度要求的位置方向，以装配基准面为联系线索，分别查明装配关系中影响装配精度要求的那些有关零件，直至找到同一基准零件或同一基准表面为止。所有零件上连接两个装配基准面间的位置尺寸和位置关系，便是装配尺寸链的组成环。

装配尺寸链遵循最短路线（最少环数）原则。

3）组成装配尺寸链时，应使每个有关零件只有一个尺寸列入装配尺寸链。相应地，应将直接连接两个装配基准面间的那个位置尺寸或位置关系标注在零件图上。

4. 计算类型

（1）正计算法　即已知组成环的公称尺寸及极限偏差，代入公式求封闭环的公称尺寸及极限偏差，它用于对已设计的图样进行校核验算。

（2）反计算法　即已知封闭环的公称尺寸及极限偏差，求各组成环的公称尺寸及极限偏差。它主要用于产品设计过程中，以确定各零部件的尺寸和加工精度。

（3）中间计算法　即已知封闭环一组成环的公称尺寸及极限偏差，求另一组成环的公称尺寸及极限偏差，计算也较简便，不再赘述。

5. 计算方法

（1）极值法　用极值法求解装配尺寸链，计算方法与公式与求解工艺尺寸链的公式相同，计算得到的组成环公差过于严格，在此从略。

（2）概率法　当封闭环的公差较小，而组成环的数目又较多时，则各组成环按极大极小法分得的公差是很小的，将导致加工困难，制造成本增加。生产实践证明，加工一批零件时，当工艺能力系数满足时，零件实际加工尺寸大部分处于公差的中间部分，因此，在成批大量生产中，当装配精度要求高且组成环的数目较多时，应用概率法解算装配尺寸链比较合理。

6. 应用举例

如图 5-11 所示齿轮部件的装配，轴是固定不动的，齿轮在轴上旋转，要求齿轮与挡圈的轴向间隙为 $0.1 \sim 0.35$ mm。已知：$A_1 = 30$ mm，$A_2 = 5$ mm，$A_3 = 43$ mm，$A_4 = 3_{-0.05}^{\ 0}$ mm（标准件），$A_5 = 5$ mm。现采用完全互换法装配，试确定各组成环的公差和极限偏差。

解：

1）确定封闭环。图中尺寸 A_0 是装配以后间接保证的尺寸，也是装配精度要求，所以 A_0 是封闭环。

2）由封闭环查找各组成环，画装配尺寸链图，如图 5-12 所示。

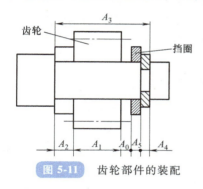

图 5-11　齿轮部件的装配

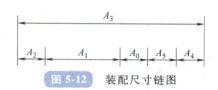

图 5-12　装配尺寸链图

3）校核各环的公称尺寸。

$A_0 = A_3 - (A_1 + A_2 + A_4 + A_5) = 43$ mm $- (30 + 5 + 3 + 5)$ mm $= 0$，可知各组成环的公称尺寸准确无误。

4）确定各组成环的公差。先计算各组成环的平均公差 T_p（$T_p = T_0/m$，m 为组成环数）。

因 $A_0 = 0.1 \sim 0.35$ mm，

所以 $T_0 = 0.25$ mm，$m = 5$（组成环数）。

故 $T_p = T_0/m = 0.25$ mm $/5 = 0.05$ mm，而 A_4 是标准件，其公差值为确定值，$T_4 = 0.05$ mm。根据加工的难易程度选择公差为：

$T_1 = 0.06$ mm，$T_2 = 0.04$ mm，$T_3 = 0.07$ mm，$T_5 = 0.03$ mm

5）确定各组成环的极限偏差。因 A_5 是挡圈，易于加工和测量，故选 A_5 为协调环。A_1、A_2 为外尺寸，按基轴制确定极限偏差：$A_1 = 30_{-0.06}^{\ 0}$ mm，$A_2 = 5_{-0.04}^{\ 0}$ mm，A_3 为内尺寸，按基孔制确定极限偏差：$A_3 = 43_{\ 0}^{+0.07}$ mm。

6）协调环的极限偏差的确定。

封闭环的中间偏差为　　　　$\Delta_0 = (0.35 + 0.1)$ mm $/2 = 0.225$ mm

各组成环的中间偏差为　　　$\Delta_1 = (0 - 0.06)$ mm $/2 = -0.03$ mm

$\Delta_2 = (0 - 0.04)$ mm $/2 = -0.02$ mm

$$\Delta_3 = (0.07+0)\,\text{mm}/2 = 0.035\,\text{mm}$$

$$\Delta_4 = (0-0.05)\,\text{mm}/2 = -0.025\,\text{mm}$$

由 $\Delta_0 = \Delta_3 - (\Delta_1 + \Delta_2 + \Delta_4 + \Delta_5)$ 得：

$$\Delta_5 = \Delta_3 - (\Delta_1 + \Delta_2 + \Delta_4 + \Delta_0)$$

$$= 0.035\,\text{mm} - (-0.03 - 0.02 - 0.025 + 0.225)\,\text{mm} = -0.115\,\text{mm}$$

协调环 A_5 的极限偏差为

$$ES = \Delta_5 + T_5/2 = -0.115\,\text{mm} + 0.03\,\text{mm}/2 = -0.10\,\text{mm}$$

$$EI = \Delta_5 - T_5/2 = -0.115\,\text{mm} - 0.03\,\text{mm}/2 = -0.13\,\text{mm}$$

所以有 $A_5 = 5^{-0.10}_{-0.13}\,\text{mm}$

（四）机械产品的装配方法

由于产品的装配精度最终要靠装配工艺来保证。因此，装配工艺的核心问题就是用什么方法能够以最快的速度、最小的装配工作量和较低的成本来达到较高的装配精度要求。在生产实践中，人们根据不同的产品结构、不同的生产类型和不同的装配要求创造了许多巧妙的装配方法，归纳起来有四种：互换性、选配法、修配法及调整法。

1. 互换法

互换法是装配过程中，同种零部件互换后仍能达到装配精度要求的一种方法。可分为完全互换法和不完全互换法。产品采用互换法装配时，装配精度主要取决于零部件的加工精度。互换法的实质就是用控制零部件的加工误差来保证产品的装配精度。

（1）完全互换法 采用极值法计算尺寸链时，装配时零部件不经任何选择、修配和调整，均能达到装配精度的要求，因此称为"完全互换法"。

完全互换法的优点：装配质量稳定可靠；装配过程简单，装配效率高；对工人技术水平要求不高，易于实现自动装配；产品维修方便。在各种生产类型中都应优先采用。

完全互换法的不足：当装配精度要求较高，尤其是在组成环数较多时，组成环的制造公差规定较严，零件制造困难，加工成本高。完全互换装配法适于在成批生产、大量生产中装配那些组成环数较少或组成环数虽多但装配精度要求不高的机器结构。

完全互换法采用极值算法计算装配尺寸链，封闭环公差的分配原则是：

1）当组成环是标准尺寸时（如轴承宽度，挡圈的厚度等），其公差大小和分布位置为确定值。

2）某一组成环是不同装配尺寸链公共环时，其公差大小和位置根据对其精度要求最严的那个尺寸链确定。

3）在确定各待定组成环的公差大小时，可根据具体情况选用不同的公差分配方法，如等公差法，等精度法或按实际加工可能性分配法等。

4）各组成环公差带位置按入体原则标注，但要保留一环作为"协调环"，协调环公差带的位置由装配尺寸链确定。协调环通常选易于制造并可用通用量具测量的尺寸。

用完全互换法装配，装配过程虽然简单，但它是根据增环、减环同时出现极值情况来建立封闭环与组成环之间的尺寸关系的，由于组成环分得的制造公差过小，常使零件加工产生困难。实际上，在一个稳定的工艺系统中进行成批生产和大量生产时，零件尺寸出现极值的可能性极小。

装配时，所有增环同时接近最大（或最小），而所有减环又同时接近最小（或最大）的可能性极小，可以忽略不计。完全互换法装配以提高零件加工精度为代价来换取完全互换装配，有时是不经济的。

（2）不完全互换法　大数互换装配法又称不完全互换装配法，其实质是将组成环的制造公差适当放大，使某一零件容易加工，这会使极少数产品的装配精度超出规定要求。只有大批量生产时，加工误差才符合概率规律。故大数互换装配法常用于大批量生产、装配精度要求较高且组成环数较多的情况。

与完全互换法相比，采用不完全互换法对各组成环的加工要求放松了，可降低各组成环的加工成本，但装配后可能会有少量的产品达不到装配精度要求。这一问题一般可通过更换组成环中的1~2个零件加以解决。采用完全互换法进行装配，可以使装配过程简单，生产率高。因此，应首先考虑采用完全互换法装配。但是当装配精度要求较高，尤其是组成环数较多时，零件就难以按经济精度制造。这时在较大批量生产条件下，就可考虑采用不完全互换法装配。

与完全互换法装配相比，不完全互换法中组成环的制造公差较大，零件制造成本低；装配过程简单，生产率高。不足之处是装配后有极少数产品达不到规定的装配精度要求，须采取相应的返修措施。不完全互换装配方法适于在大批大量生产中装配那些装配精度要求较高且组成环数较多的机器结构。

2. 选配法

在大量或成批生产条件下，当装配精度要求很高且组成环数较少时，可考虑采用选配法装配。选配法是将尺寸链中组成环的公差放大到经济可行的程度来加工，装配时选择适当的零件配套进行装配，以保证装配精度要求的一种装配方法。选配法有三种不同的形式：直接选配法、分组选配法和复合选配法。

（1）直接选配法　装配时，由工人从许多待装的零件中，直接选取合适的零件进行装配，以保证装配精度的要求。这种方法的特点是：装配过程简单，但装配质量和时间很大程度上取决于工人的技术水平。由于装配时间不易准确控制，所以不宜用于节拍要求较严的大批大量生产中。

（2）分组选配法　分组选配法又称为分组互换法，它是将组成环的公差值放大数倍，使其能按经济精度进行加工。装配时，先测量尺寸，根据尺寸大小将零件分组，然后按对应组分别进行装配，以达到装配精度的要求。组内零件的装配是完全互换的。如发动机气缸与活塞的装配多采用这种方法。

3. 修配法

在单件小批或成批生产中，当装配精度要求较高、装配尺寸链的组成环数较多时，常采用修配法来保证装配精度要求。

所谓修配法，就是将装配尺寸链中组成环按经济加工精度制造，装配时按各组成环累积误差的实测结果，通过修配某一预先选定的组成环尺寸，或就地配制这个组成环，以减少各组成环产生的累积误差，使封闭环达到规定精度的一种装配方法。

常见的修配法有以下三种：

（1）单件修配法　在装配时，选定某一固定的零件作为修配件进行修配，以保证装配精度的方法称为单件修配法。此法在生产中应用最广。

（2）合并加工修配法　这种方法是将两个或多个零件合并在一起当作一个零件进行修配。这样减少了组成环的数目，从而减少了修配量。

合并加工修配法虽有上述优点，但是由于零件合并要对号入座，给加工、装配和生产组织工作带来不便。因此多用于单件小批生产中。

（3）自身加工修配法　在机床制造中，利用机床本身的切削加工能力，用自己加工自己的方法可以方便地保证某些装配精度要求，这就是自身加工修配法。这种方法在机床制造中应用极广。

修配法最大的优点就是各组成环均可按经济精度制造，而且可获得较高的装配精度。但由于产品需逐个修配，所以没有互换性，且装配劳动量大，生产率低，对装配工人技术水平要求高。修配法主要用于单件小批生产和中批生产中装配精度要求较高的情况。

4. 调整法

调整法是将尺寸链中各组成环按经济精度加工，装配时，通过更换尺寸链中某一预先选定的组成环零件或调整其位置来保证装配精度的方法。

装配时进行更换或调整的组成环零件称为调整件，该组成环称为调整环。

调整法和修配法在原理上是相似的，但具体方法不同。根据调整方法的不同，调整法可分为可动调整法、固定调整法和误差抵消调整法三种。

（1）可动调整法　在装配时，通过调整、改变调整件的位置来保证装配精度的方法，称为可动调整法。

可动调整法不仅能获得较理想的装配精度，而且在产品使用中，由于零件磨损使装配精度下降时，可重新调整使产品恢复原有精度，所以该法在实际生产中应用较广。

（2）固定调整法　在装配时，通过更换尺寸链中某一预先选定的组成环零件来保证装配精度的方法，称为固定调整法。预先选定的组成环零件即调整件，调整件需要按一定尺寸间隔制成一组专用零件。常用的调整件有垫片、套筒等。

（3）误差抵消调整法　在产品或部件装配时，通过调整有关零件的相互位置，使其加工误差相互抵消一部分，以提高装配的精度，这种方法称为误差抵消调整法。该方法在机床装配时应用较多，如在机床主轴装配时，通过调整前后轴承的径向圆跳动方向来控制主轴的径向圆跳动。

在机械产品装配时，应根据产品的结构、装配精度要求、装配尺寸链环数的多少、生产类型及具体生产条件等因素合理选择装配方法。

一般情况下，只要组成环的加工比较经济可行时，就应优先采用完全互换法。若生产批量较大，组成环又较多时应考虑采用不完全互换法。

当采用互换法装配使组成环加工比较困难或不经济时，可考虑采用其他方法：

① 大批大量生产、组成环数较少时，可以考虑采用分组选配法。

② 组成环数较多时，应采用调整法。

③ 单件小批生产时，常用修配法，成批生产时，也可酌情采用修配法。

保证装配精度的方法选用，可参见表 5-1、表 5-2。

表 5-1　装配方法的选用

装配方法		装配方法的选用
互换法	完全互换法	优先选用,多用于低精度或较高精度、少环装配
	不完全互换法	大批量生产、装配精度要求较高、环数较多的情况
选配法	直接选配法	成批大量生产、精度要求很高、环数少的情况
	分组选配法	大批量生产、精度要求特别高、环数少的情况
	复合选配法	大批量生产、精度要求特别高、环数少的情况
修配法		单件小批生产、装配精度要求很高、环数较多的情况,组成环按经济精度加工,生产率低
调整法	可动调整法	小批生产、装配精度要求较高、环数较多的情况
	固定调整法	大批量生产、装配精度要求较高、环数较多的情况
	误差抵消调整法	小批生产、装配精度要求较高、环数较多的情况

表 5-2　常用装配方法及其适用范围

装配方法	工 艺 特 点	适 用 范 围
完全互换法	①配合件公差之和小于或等于规定装配公差 ②装配操作简单;便于组织流水作业和维修工作	大批量生产中零件数较少、零件可用加工经济精度制造者,或零件数较少但装配精度要求不高者
不完全互换法	①配合件公差平方和的平方根小于或等于规定的装配公差 ②装配操作简单,便于流水作业 ③会出现极少数超差件	大批量生产中零件数略多、装配精度有一定要求,零件加工公差较完全互换法可适当放宽;完全互换法适用产品的其他一些部件装配
分组选配法	①零件按尺寸分组,将对应尺寸组零件装配在一起 ②零件误差较完全互换法可以增大数倍	适用于大批量生产中零件数少、装配精度要求较高又不便采用其他调整装置的场合
修配法	预留修配量的零件,在装配过程中通过手工修配或机械加工,达到装配精度	用于单件小批生产中装配精度要求高的场合
调整法	装配过程中调整零件之间的相互位置,或选用尺寸分级的调整件,以保证装配精度	可动调整法多用于对装配间隙要求较高并可以设置调整机构的场合;固定调整法多用于大批量生产中零件数较多、装配精度要求较高的场合

三、识读装配图

在产品或部件的设计过程中,一般是先设计并画出装配图,然后再根据装配图进行零件设计,画出零件图;在产品或部件的制造过程中,先根据零件图进行零件加工和检验,再按照装配图所制订的装配工艺规程将零件装配成机器或部件;在产品或部件的使用、维护及维修过程中,也经常要通过装配图来了解产品或部件的工作原理及构造。

(一)装配图的作用和内容

1. 装配图的作用

装配图是机器设计中设计意图的反映,是机器设计、制造的重要技术依据。它是表达机器、部件或组件的图样。在机器或部件的设计制造及装配时都需要装配图。用装配图来表达机器或部件的工作原理,零件间的装配关系和各零件的主要结构形状,以及装配、检验和安装时所需的尺寸与技术要求。表达一台完整机器的装配图,称为总装装配图(总装图)。表达机器中某个部件或组件的装配图，称为部件装配图或组件装配图。通常总装图只表示各部件间的相对位置关系和机器的整体情况，装配的具体要求是通过把整台机器按各部件分别画出部件装配图来表达的。装配图的作用主要体现在以下几个方面：

1）在新设计或测绘装配体时，要画出装配图表示该机器或部件的构造和装配关系，并确定各零件的主要结构和协调各零件的尺寸等，它是绘制零件的依据。

2）在生产中装配机器时，要根据装配图制订装配工艺规程。装配图是机器装配、检验、设计和安装工作的依据。

3）在使用和维修中，装配图是了解机器或部件工作原理、结构性质、从而决定操作、保养、拆装与维修方法的依据。

4）在进行技术交流、引进先进技术或更新改造原有设备时，装配图也是不可缺少的资料。

读装配图的目的，是从装配图中了解部件中各个零件的装配关系，分析部件的工作原理，并能分析和读懂其中主要零件及其他有关零件的结构形状。

2. 装配图的内容

（1）一组视图　根据产品或部件的具体结构，选用适当的表达方法，用一组视图正确、完整、清晰地表达产品或部件的工作原理、各组成零件间的相互位置和装配关系及主要零件的结构形状。

（2）必要的尺寸　装配图中必须标注反映产品或部件的规格、外形、装配、安装所需的必要尺寸，另外，在设计过程中经过计算而确定的重要尺寸也必须标注。

（3）技术要求　在装配图中用文字或国家标准规定的符号注写出该装配体在装配、检验、使用等方面的要求。

（4）零、部件序号，标题栏和明细栏　按国家标准规定的格式绘制标题栏和明细栏，并按一定格式将零、部件进行编号，填写标题栏和明细栏。

（二）装配图的尺寸标注和技术要求

1. 装配图的尺寸标注

由于装配图主要是用来表达零部件的装配关系的，所以在装配图中不需要注出每个零件的全部尺寸，而只需注出一些必要的尺寸。这些尺寸按其作用不同，可分为以下五类。

（1）规格尺寸　规格尺寸是表明装配体规格和性能的尺寸，是设计和选用产品的主要依据。

（2）装配尺寸　装配尺寸包括零件间有配合关系的配合尺寸及零件间的相对位置尺寸。

（3）安装尺寸　安装尺寸是机器或部件安装到基座或其他工作位置时所需的尺寸。

（4）外形尺寸　外形尺寸是指反映装配体总长、总宽、总高的外形轮廓尺寸。

（5）其他重要尺寸　在设计过程中经过计算而确定的尺寸和主要零件的主要尺寸，以及在装配或使用中必须说明的尺寸。

以上五类尺寸，并非每张装配图上都需全部标注，有时同一个尺寸，可同时兼有几种含义。所以装配图上的尺寸标注，要根据具体的装配体情况来确定。

2. 装配图的技术要求

装配图的技术要求一般用文字注写在图样下方的空白处。技术要求因装配体的不同，其具体的内容有很大不同，但技术要求一般应包括以下几个方面：

（1）装配要求　装配要求是指装配后必须保证的精度及装配时的要求等。

（2）检验要求　检验要求是指装配过程中及装配后必须保证其精度的各种检验方法。

（3）使用要求　使用要求是对装配体的基本性能、维护、保养、使用时的要求。

（三）装配图的零、部件编号与明细栏

装配图上对每种零件或组件进行编号；并编制明细栏，依次写出各种零件的序号、名称、规格、数量、材料等内容。

1. 装配图中零、部件序号及其编排方法

（1）一般规定

1）装配图中所有的零、部件都必须编写序号。

2）装配图中一个部件可以只编写一个序号；同一装配图中相同的零、部件只编写一次。

3）装配图中零部件的序号，要与明细栏中的序号一致。

（2）序号的编排方法

1）装配图中编写零部件序号的常用方法有三种，如图 5-13 所示。

2）同一装配图中编写零、部件序号的形式应一致。

3）指引线应自所指部分的可见轮廓引出，并在末端画一圆点。如所指部分轮廓内不便画圆点时，可在指引线末端画一箭头，并指向该部分的轮廓。

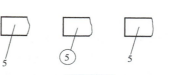

图 5-13　序号表示方法

4）指引线可画成折线，但只可曲折一次。

5）一组紧固件以及装配关系清楚的零件组，可以采用公共指引线。

6）零件的序号应沿水平或垂直方向按顺时针或逆时针方向排列，序号间隔应尽可能相等。

2. 标题栏及明细栏

（1）标题栏　装配图中标题栏的格式与零件图中的相同。

（2）明细栏　明细栏一般放在标题栏上方，并与标题栏对齐，用于填写组成零件的序号、名称、材料、数量、标准件规格及热处理要求等。在装配图中，各零件必须标注序号并编入明细栏。

绘制明细栏时，应注意以下问题：

1）明细栏和标题栏的分界线是粗实线，明细栏的外框竖线是粗实线，横线和内部竖线均为细实线（包括最顶端的横线）。

2）填写序号时应由下向上排列，这样便于补充编排序号时被遗漏的零件。当标题栏上方位置不够时，可在标题栏左方继续列表由下向上延续。

3）标准件的国标代号应写入备注栏。备注栏还可用于填写该项的附加说明或其他有关的内容。

【项目实施】

任务1 装配工艺规程的编制

一、任务引入

按照装配精度要求，了解产品装配工艺的基本内容，分析产品装配图；确定合理的装配方法，选用适用的各类装配与检测工具，拟订装配工艺路线，完成主轴部件装配工艺规程的制订。

二、实施过程

1. 实施环境和条件

（1）场地　实训车间。

（2）机械部件　减速器、机床主轴部件。

2. 实施要求

1）3人一组，以组为单位，读懂部件的装配图与现场机械部件。

2）以组为单位，讨论主轴部件的装配工艺过程。

3）每组汇报，完成主轴部件装配工艺流程图。

3. 实施步骤

（1）看懂部件装配图，规划装配顺序　就是装配操作前要规划好先装什么后装什么。装配顺序基本上是由设备的结构特点和装配形式决定的。装配顺序总是先确定一个零件作为基准件，然后将其他零件依次地装到基准件上。例如，机床的总装顺序总是以机床床身为基准件，其他零件（或部件）逐次往上装。一般来说，机械设备的装配可以按照由下部到上部、由固定件到运动件、由内部到外部等规律来安排装配顺序。

（2）编制装配工艺规程　装配工艺规程是指将合理的装配工艺过程和操作方法等按一定的格式编写而成的书面文件。广义地讲，产品及其部件的装配图，尺寸链分析图，各种装配工装的设计、应用图，检验方法图及其说明，零件装配时的补充加工技术要求，产品及部件的运转试验规范及所有设备图，以及装配周期图表等，均属于装配工艺规程范围内的文件。狭义上，装配工艺规程文件主要指装配单元系统图，装配工艺系统图、装配工艺过程卡和装配工序卡。它是组织装配工作、指导装配作业的主要依据。一般装配工艺文件包含有装配工艺流程图、装配工艺过程卡、装配工序卡、零件清单、工具清单等。下面介绍几种最常用的装配工艺文件。

1）装配工艺流程图。装配工艺流程图是将工艺路线、工艺步骤，以及具体工作地点及内容等用图示方式表达出来的一种技术图样，是指导装配工作的组织实施、分析和编制工艺规程的基本指导文件。装配工艺流程图一般应清晰地体现工艺路线、工作顺序、具体工作地点、工作内容等，并有正确的图样标记说明。

2）装配工艺过程卡。装配工艺过程卡是属于装配工艺规程的基本文件，是整个装配工作的系统指导文件。一般包含工作内容、工艺装备、工时定额等。

3）装配工序卡。如果说装配工艺过程卡是指导整个装配工作的系统文件，那么装配工序卡则是对装配工艺过程卡的进一步说明，它更具体和细化，更具有针对性，是对装配工艺过程卡中每一道工序的具体要求。

（3）制订装配工艺规程的方法与步骤

1）研究产品的装配图及验收技术条件。审核产品图样的完整性、正确性；对产品结构进行装配尺寸链分析，对机器主要装配技术条件要逐一进行研究分析，包括保证装配精度的装配工艺方法、零件图相关尺寸的精度设计等；对产品结构进行结构工艺性分析，如发现问题，应及时提出，并同有关工程技术人员商讨图样修改方案，报主管领导审批。

2）确定装配方法与组织形式。装配方法的确定主要取决于产品的结构、尺寸大小和重量，以及产品的生产纲领。装配方法可分为固定式装配和移动式装配。

根据生产规模，固定式装配又可分为集中式固定装配和分散式固定装配。固定式装配是全部装配工作在一固定的地点完成。固定式装配多适用于单件小批生产和体积、重量大的设备的装配。在成批生产中装配重量大、装配精度要求较高的产品时，有些工厂采用固定流水装配形式进行装配，装配工作地固定不动，装配工人则带着工具沿着装配线上一个个固定式装配台重复完成某一装配工序的装配工作。

移动式装配是将零部件按装配顺序从一个装配地点移动到下一个装配地点，分别完成一部分装配工作，各装配地点工作的总和就是整个产品的全部装配工作，适用于大批量生产。

3）划分装配单元，确定装配顺序。选择装配基准件。

无论哪一级装配单元，都要选定一个零件或比它低一级的装配单元作为装配基准件，其选择原则如下：

① 基准件应是产品的基体或主要零部件。

② 基准件应有较大的体积和质量，有足够的支撑面，以满足后续装入零、部件时的稳定性等要求。

③ 基准件的补充加工量应最少，尽可能不进行后续加工。

④ 基准件应有利于装配过程的检测，工序间的传递运输和翻身、转位等作业。

选定基准件之后，进一步确定装配顺序，在确定装配顺序时应遵循以下原则：

① 预处理工序先行，如零件的去毛刺、清洗、防锈、涂装、干燥等应先安排。

② 先基础后其他。为使产品在装配过程中重心稳定，应先进行基础件的装配。

③ 先精密后一般、先难后易、先复杂后简单。开始装配时，基础件内的空间较大，比较好安装、调整和检测，因而也就比较容易保证装配精度。

④ 前后工序互不影响、互不妨碍。按"先里后外、先下后上"的顺序进行装配；将易影响装配质量的工序（如需要敲击、加压、加热等的装配）安排在前面，以免操作时破坏前道工序的装配质量。

⑤ 类似工序、同方位工序集中安排。对使用相同工装、设备和具有共同特殊环境的工序，应集中安排；对处于同一方位的装配工序也应尽量集中安排，以防止基准件多次转位和翻转。

⑥ 电线、油（气）管路同步安装。为防止零部件反复拆装，在机械零件装配的同时，

应把需装入内部的各种油管、气管和电线等同步装配进去。

⑦ 最后安装危险品。为安全起见，易燃、易爆、易碎或有毒物质的安装，应尽量放在最后。

4）划分装配工序。装配顺序确定后，还应将装配过程划分成若干装配工序，并确定工序内容、所用设备、工装和时间定额；制订各工序装配操作范围和规范，如过盈配合的压入方法、热胀法装配的加热温度、紧固螺栓的预紧转矩、滚动轴承的预紧力等；制订各工序装配质量要求及检测方法、检测项目等。在划分工序时要注意以下两点：

① 流水线装配时，工序的划分要注意流水线的节拍，使每道工序所需的时间大致相等。

② 组件的重要部分，在装配工序完成后必须加以检查，以保证质量。在重要而又复杂的装配工序中，用文字表达不清楚时，还需绘出局部的指导性图样。

5）编写装配工艺过程卡和工序卡。成批生产时，通常制订部件及总装的装配工艺过程卡，在工艺过程卡中只写明工序顺序、简要工序内容、所需设备、工装名称及编号、工人技术等级和时间定额等。对于重要工序，则应制订相应的装配工序卡。大批大量生产时，不仅要制订装配工艺过程卡，还需为每道工序制订装配工序卡，详细说明工序的工艺内容，并画出局部指导性装配简图。

6）制订装配检验与试验规范。产品总装完毕后，应根据产品的技术性能和验收技术标准进行验收，主要内容包括以下几项：

① 检测和试验的项目及质量标准。

② 检测和试验的方法、条件与环境。

③ 检测和试验所需工装的选择与设计。

④ 质量问题的分析方法和处理措施。

三、考核评价（表 5-3）

表 5-3　考核评价表（任务 1）

序号	评分项目	评分标准	分值	检测结果	得分
1	读懂装配图	写出装配的技术要求及所需达到的精度要求	20		
2	汇报本组部件的装配过程	所选的装配工艺是否合理并进行工作汇报	30		
3	完成装配工艺流程图	每 3 人一组，按企业标准上交工艺流程图	50		

任务 2　装配、检测与调整主轴组件

一、任务引入

主轴箱是机床的重要的部件，用于布置机床工作主轴及其传动零件和相应的附加机构。主轴箱是一个复杂的传动部件，包括主轴组件、换向机构、传动机构、制动装置、操纵机构和润滑装置等。其主要作用是支承主轴并使其旋转，实现主轴起动、制动、变速和换向等功能。

主轴箱位于车床左方的床身上。主轴的回转运动是由电动机输出的恒定转速，通过带轮和各级齿轮的传递实现的，通过主轴箱内滑移齿轮组成不同的传递路线，主轴可获得各级转速。通过操纵机构还可以实现主轴的起动、停止和换向等。

二、实施过程

1. 实施环境和条件

（1）场地　实训车间。

（2）机械部件　CA6140 机床主轴组件。

（3）工具　装配工具及量具等，每组一套。

（4）作业前准备

1）将装配的零件分类放置。

2）清洗所有零部件。

2. 实施要求

1）规划装配顺序，制订装配步骤和内容。

2）编制装配工艺规程。

3）实施装配。

装配操作过程中，应注意遵守装配工艺文件中的要求。

3. 实施步骤

（1）读懂主轴部件装配图　车床的主轴是一个空心阶梯轴。其内孔用于通过棒料或卸下顶尖时所用的铁棒，也可用于通过气动、液压或电动夹紧驱动装置的传动杆。主轴前端有精密的莫氏 6 号锥孔，用来安装顶尖或心轴，利用锥面配合的摩擦力直接带动心轴和工件转动。主轴后端的锥孔是工艺孔。主轴组件结构如图 5-14 所示。

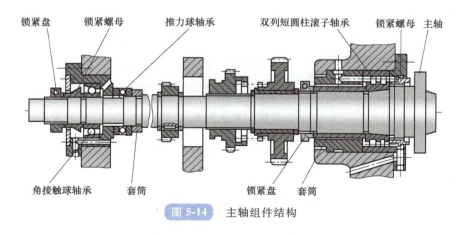

图 5-14 主轴组件结构

（2）分析主轴部件的结构特点

1）主轴零件的材料。

① 一般机床主轴，材料常用 45 钢，调质到 220～250HBW，主轴端部锥孔、定心轴颈或

定心圆锥面等部位局部淬硬至 50~55HRC。

② 精密机床主轴，在长期使用中因内应力引起的变形要小，故应选用在热处理后残余应力小的材料，如 40Cr 或 20Cr、16MnCr5、12CrNi2A 等渗碳后淬硬。

③ 高精度磨床的主轴、镗床和坐标镗床主轴，要求有很高的耐磨性，可选用 38CrMoAlA，进行氮化处理，使表面硬度达到 1100~1200HV（相当于 69~72HRC）。

2）主轴常用轴承。对机床主轴来说，轴承的刚度是一项重要的特征值，但通过相应的轴承预紧是可以改变的。主轴转速越高，角接触球轴承的接触角越大。15°角接触球轴承要比 25°角接触球轴承能承受的转速更高。在极高的工作转速下，可使用以陶瓷（氮化硅）球为滚动体的混合主轴轴承，即用陶瓷球代替一般的钢球。图 5-15 所示为数控机床主轴常用轴承。

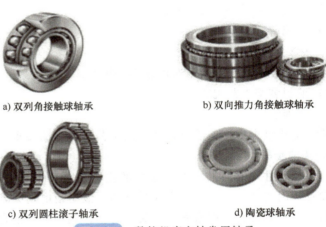

a) 双列角接触球轴承   b) 双向推力角接触球轴承

动画：滚动轴承的装配工艺

c) 双列圆柱滚子轴承   d) 陶瓷球轴承

图 5-15   数控机床主轴常用轴承

3）机床主轴的拉刀机构。图 5-16 所示为拉刀机构工具系统，是为主轴/刀柄接口提供夹紧力和松刀功能的装置。刀具夹紧前后的工作示意图如图 5-17 所示，刀柄与主轴的连接采用膨胀式夹紧机构。

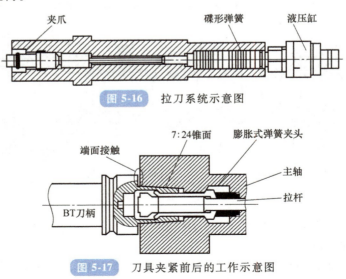

夹爪   碟形弹簧   液压缸

图 5-16   拉刀系统示意图

端面接触   7:24锥面   膨胀式弹簧夹头   主轴   拉杆   BT刀柄

图 5-17   刀具夹紧前后的工作示意图

（3）任务实施

1）主轴精度的检测。

①装配前主轴精度的测量。在V形架上测量，如图5-18所示。

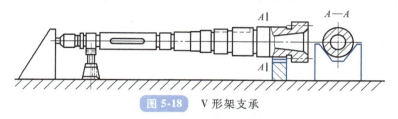

图 5-18　V形架支承

②装配后主轴精度的测量与分析。

a）用带锥度的检验棒检查主轴锥孔的径向圆跳动误差，如图5-19所示。

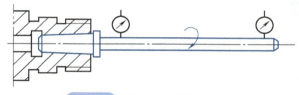

图 5-19　径向圆跳动误差检测

b）用法兰盘检验棒检查主轴轴线径向圆跳动误差，如图5-20所示。

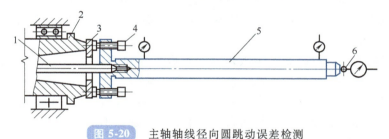

图 5-20　主轴轴线径向圆跳动误差检测

1—拉杆　2—主轴　3—垫板　4—螺钉　5—检验棒　6—钢球

2）主轴的装配技术要求。

①靠近主轴端面处：主轴锥孔轴线的径向圆跳动公差为0.008mm。

②距主轴端面300mm处：主轴锥孔轴线的径向圆跳动公差为0.020mm。

③轴向窜动：公差为0.008mm。

3）装配方法的选择：定向装配法。定向装配就是人为地控制各装配件径向圆跳动误差的方向，使误差相互抵消而不是累积，以提高装配精度的一种方法。装配前，须对主轴锥孔轴线偏差及轴承内外圈径向圆跳动进行测量，确定误差大小和方向并做好标记。

滚动轴承定向装配时，主轴的装配与检测应保证：

①主轴前轴承的径向圆跳动量比后轴承的径向圆跳动量小。

②前、后两个轴承径向圆跳动量最大的方向置于同一轴向截面内，并位于旋转中心线的同一侧。

③前、后两个轴承径向圆跳动量最大的方向与主轴锥孔中心线的偏差方向相反。

三、考核评价（表5-4）

表5-4 考核评价表（任务2）

序号	评分项目	评分标准	分值	检测结果	得分
1	装配相关要求	填写装配工作步骤	15		
2	分析主轴装配工艺过程	填写工艺路线表	15		
3	确定装配方案、步骤及主轴组件装配	绘制主轴组件装配工艺流程图	20		
4	装配工艺编制及应用	1）填写主轴组件装配工艺过程卡 2）每3人一组，汇报课题完成情况	50		

【项目拓展】

钳工周建民——周氏精度　如琢如磨

量具是产品的"先行官"，周建民生产的专用量具，大多用来检测军工零件是否符合标准。量具不精准，便不能生产出合格的产品，"做量具比绣花还细。"周建民说。一套量具的生产，从前期车、铣、刨等粗加工，到热处理阶段，再到后期研磨、装配等精加工，复杂的要花费两三个月时间，最简单的也需要一周。"工艺的流程编排特别重要，操作顺序稍有差池，做一半就废了，可以说我就是在跟毫厘较劲。要说有什么诀窍，我认为没有捷径，就是多练。"周建民说。

99A型坦克是我国自主研制的主战坦克，其炮射导弹的定型与一套小小的量规密不可分，导弹装配合不合格，由它说了算，它实际上是导弹合不合格的一个裁判。看似简单的量规，精度要求却异常之高，它的内套共分为七段，各段组合后不能焊接，却必须做到无缝连接，浑然一体。这七个套摞起来必须在同一个中心上，确保不能产生错位。比如开车沿直线跑1000km，从起点到终点，不能偏离出1m。

为了实现这个目标，周建民晚上下班回到家就仔细研读相关书籍。一张张笔记的勾画、一次次实验的积累，终于让周建民成功摸索出提高零件生产质量的办法——周建民专用量具高效加工检测法。在随后的工作中，他又系统了解了车、铣、镗、磨、刨、数控等不同设备的性能和操作方法，储备了大量有关量具方面的专业知识。

几十年的钳工经验，双手被磨掉了指纹，凭借精湛技艺，周建民先后共完成16000多套专用量规的生产任务。但这一次，七节套筒，十四个锥形截面，面面都是微米级的对话。

周建民采用手工研磨的方法，向设计尺寸一丝丝靠近，最后又提升了$1\mu m$。各个单件的精度越高，全形规装配的精度就越高，最后才能保证导弹打出去的精度越高。内套精度得到了提升，然而在装配时出现了意外，按预定设想将内套冷冻到零下50℃，体积内缩时装入外套，恢复常温后内套产生热胀，就能与外套牢牢挤在一起。开始装进去的几个内套，冷冻的温度传递给了外套，结果外套也内缩，在装第五个时就出现卡死的现象，通过多次试验、采集数据，利用新的装配法，将外套加热，减少内套冷冻的温度传递给外套的时间，保证了七个内套全部装进去。周建民和工友一次次下到零下40℃的冷库里，摸索不同锥度、不同壁厚材料的内缩规律，第一次将"冷热配合法"应用于大型全形规的装备中，最终研制成功。

在反复探索中，周建民成长为技术大拿，先后总结提炼出"冷热配合法""三要诀加工法""基准转换法""油膜柔性芯轴法""半球加工法"等三四十种独特高效的操作方法，这些方法被淮海集团命名为"周建民操作法"，在山西军工行业还是第一次。

项目训练

1）主轴装配工作有哪些一般要求？

2）装配工艺过程卡包含哪些基本内容？简述装配工序卡的意义。

3）图 5-21 所示为 CA6140 型卧式车床主轴箱，试分析主轴上齿轮与轴的装配与调试，写出齿轮与轴的装配过程。

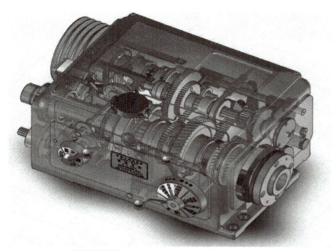

齿轮传动的装配与调试

图 5-21 CA6140 型卧式车床主轴箱

参 考 文 献

[1] 刘守勇，李增平. 机械制造工艺与机床夹具 [M]. 3 版. 北京：机械工业出版社，2013.

[2] 赵宏立. 机械加工工艺与装备 [M]. 北京：人民邮电出版社，2009.

[3] 祝水琴. 机械部件装配与调试 [M]. 重庆：重庆大学出版社，2021.

[4] 金建华，黄万友. 典型机械零件制造工艺与实践 [M]. 北京：清华大学出版社，2011.

[5] 孙美霞. 机械制造基础 [M]. 北京：国防科技大学出版社，2009.

[6] 周兰菊. 机械制造基础 [M]. 北京：人民邮电出版社，2013.

[7] 武友德. 机械加工工艺设计 [M]. 北京：机械工业出版社，2014.

[8] 余承辉，姜晶. 机械制造工艺与夹具 [M]. 上海：上海科学技术出版社，2010.

[9] 李增平. 机械制造技术 [M]. 南京：南京大学出版社，2011.

[10] 何瑛，欧阳八生. 机械制造工艺学 [M]. 长沙：中南大学出版社，2015.